# Chinafy

Why China is leading the West in innovation
and how the rest of the world can catch up

九大催化因子改寫全球競爭力，
其他國家如何趕上？

# 中國為何創新崛起？

**Joanna Hutchins**

喬安娜・哈欽斯 —————— 著

謝明珊 ————————————— 譯

# 目錄 CONTENTS

# 推薦序

　　當中國與半個地球的國家，包括臺灣，關係緊張時，看到這本書，就整個人尷尬了起來。

　　中國的經濟在疫情以來就沒有起色，有錢的富豪「潤」出國，房地產崩潰、失業率攀升、資金外逃……，在這個節骨眼談中國崛起是相當違和，而且與社會的認知有高度反差。

　　算一算中國的崛起，至今大概也有四十年了。第一個十年改革開放，第二個十年熱錢湧入，第三個十年偉大復興，第四個十年內捲經濟。大部分的人，包括中國人在還沒有搞清楚中國是怎麼崛起的時候，就親眼目睹中國的崩壞。中國企業崛起的速度太快，崛起的方式又太詭異。當人們還在思考為什麼他們可以這樣迅速竄起，中國總體經濟的崩壞又讓大家看得眼花撩亂！

　　中國傳奇企業家崛起的故事，已經連篇累牘，尤其那些自媒體的網紅老師們，把企業家成功的內幕講得口沫橫飛，分析得鞭辟入裡。活像他們就是企業創辦人的青梅竹馬一樣，全給他看透了。

　　講企業成功的故事，容易！講企業為什麼成功的故事，很難！

　　本書作者告訴你中國創新企業的傳奇，以及他們如何運用創新模式打天下的故事。作者先幫大家重新定義了「創新」，然後再用她定義的創新去檢視中國傳奇獨角獸企業成功的故事。要不是作者在每一個章節最後，都會正經八百、苦口婆心的論述從中國企業家成功故事裡學習到的心得，還會不時奉勸美國企業家應該學習的創新模式，這本書幾乎是可以一氣呵成讀完的！

　　這是一本有獨到分析觀點的故事書。好看！看完了，還會讓你有所頓悟，然後可以嘆一口氣說：「原來如此！」

　　解讀中國企業崛起原因，大多數人會講出下面這些理由：

　　1.封閉市場，關門打狗；

　　2.政府補貼，不公平競爭；

　　3.仿冒與山寨；

4. 人口紅利；

5. 隱私與人權。


這些理由已經被很多人證實，應該都是事實；但這是從總體經濟的觀點看中國的崛起。本書作者並沒有花力氣討論這些現象，她跳脫了總體經濟的觀點，直接看到中國企業由內而外運用創新模式，創造創新企業的機遇與努力！

不過有趣的是，本書作者所點名的傳奇企業，他們似乎沒有得到上述五大理由的支持，他們的崛起，坦白說，靠政府支持的部分算是比較輕的。

從今日頭條衍生出來的抖音席捲全球社群媒體市場，可沒有得到中國政府的補貼。

比亞迪以全球最便宜的電動車打開全球市場，當然得過中國政府的補貼，但是中國政府也給特斯拉差不多的補貼，為何特斯拉就不能像比亞迪那樣推出親民的價格？

其實中國的補貼也不是每一次都成功，當年在太陽能板、LED 產業幾乎到了全國各大城市一窩蜂的現象，結果把全球太陽能板、LED 的市場打得亂七八糟，可是你又看到中國出了哪一家了不起的太陽能板企業？或能夠獨霸全球的 LED 公司？最好笑的例子，就是中國政府加大力度補貼扶持各大城市設半導體廠，結果錢花了，卻沒有幾家真的設立，還留下一大堆爛尾晶圓樓。

說中國的補貼創造不公平競爭，這句話沒錯，但本書作者所提到的 SHEIN 稱霸美國快時尚市場，小米賣到印度，比亞迪賣進歐盟，坦白說，跟政府補貼一點關係都沒有。

仿冒與山寨是中國永遠脫不掉的帽子。不過過去四十年有到過中國的人應該會發現，中國的仿冒和山寨其實是有程度變化的。最開始的仿冒是用低劣的材質仿了一個假貨，再貼上人家的品牌，那叫假仿。後來就發展成材質其實是一樣，很多根本是從代工廠流出來，那是真仿或稱高仿。高仿但不貼人家的品牌，就叫做白牌，被稱為仿冒不偽劣。白牌有了市場就找人另外設計，最後加上品牌就不算仿冒了。

SHEIN 現在被 Zara 告了幾十個官司，筆者認為可能都不太會成立，因為 SHEIN 並沒有直接仿 Zara 或 H&M，人家仿的是風格，沒有仿你的版型。我們從

SHEIN 崛起的故事，看到中國企業的仿冒水準，已經到了出神入化的地步，並且可能已經超越法律的約束。

中國政府不重視隱私，不尊重人權，可能才是中國企業領先國際競爭者的一個重要原因。尤其在 AI 相關的領域，在市場大數據的收集等方面，中國政府是對中國的企業開了大門。因此，中國的企業在數據的收集跟運用數據分析的結果，顯然遠遠超過中國以外的競爭者。

本書作者所舉的案例，神乎其技地運用大數據的分析，推出你想像不到的產品，或想像不到的銷售方法，結果都驗證成功。這是中國企業善用大數據的優秀表現。當然，如果中國政府尊重隱私或人權的話，這些中國企業可能就沒有辦法這麼快速地在大數據運用上得到領先。

延伸思考，你會發現本書作者給國際企業的建議，希望他們學習中國企業的創新模式，在某些領域或在某些市場上，國際企業可能是學不來的。

還有一點可能也是國際企業學不來的。從本書所舉的例子來看，會發現他們創新的模式怎麼如此先進？這種運用先進科技來創新經營的卓越表現，和中國社會落後其實是有關係的。

怎麼說呢？早年，中國社會落後國際很遠，當全世界開始用手機的時候，中國大陸固接電話的普及率還相當低，結果中國直接用手機代替固接電話，通訊普及率迅速拉開，網路更迅速地鋪展到鄉間或偏遠地方。阿里巴巴的盒馬鮮生，小米的手機，拼多多的生鮮電商的成功，在美國或歐洲都不會發生！

　　中國社會因為落後，就跳躍式地引進新科技，新科技比舊科技更容易普及，更容易使用。中國企業就用新的科技來經營公司，自然產生傳統企業所做不到的創新模式。最近全球發展 AI，一堆人開始訓練自己的 AI，就有很多人告訴你，將來是用 AI 訓練 AI，發展進度只會更快！中國企業比國際競爭者提前、快速地運用了新科技，這件事情，或許也可以稱做後進者的優勢吧。沒有傳統的包袱在企業推動創新營運模式時，可能是一個重要的關鍵因素。歐美企業想要學中國企業的創新模式，說不定還得先把包袱丟掉。

　　本書作者把中國企業創新模式的經營跟發展講得神乎其技，但我們也必須認清，中國企業的創新主要在經營模式的創新，而不是核心技術的創新。中國是全世界最大的市場，這個市場從社會主義走向資本化，成長的快速及龐大的需求，新產品與舊產品，對龐大的消費者來說，差異有限。反而是如何有效地接觸到這個快速成長的市場，才會是最後的贏家。

本書作者是一位行銷顧問，從市場營銷的觀點來剖析中國獨角獸企業創新成功的模式，既精準又有深度。讀起來好看，看完了有收穫，這是一本難得的好書，雖然在時機上有點敏感，書名也讓人有點尷尬，但值得推薦！

——蘇拾忠（中華民國創業投資商業同業公會秘書長）

Chapter 1

# 該來模仿中國了嗎？

說到中國，西方商業領袖大致有兩個想法：中國的成功是靠模仿西方，以及西方才是真正的創新基地。然而，事實出乎意料。中國不只是模仿，同時也在創新。當西方企業忙著下一波創新，中國正努力改良現有的一切，尋求突破。這是真的，值得大家警惕！當中國正在擾亂西方、超越西方，西方商業領袖也可以反過來模仿中國，不斷學習和創新，才能脫穎而出。

## 未來已經來臨，只是分布極為不均

1984 年威廉・吉布森（William Gibson）出版科幻小說《神經喚術士》（*Neuromancer*），描述一個倒楣透頂的網路駭客，他最新的任務是對抗智慧電腦。閱讀這本小說能一窺未來的科技和創新，「網路空間」（cyberspace）一詞正是拜他所賜，現在風靡全球。1984 年電腦還沒普及，他早已預知人工智慧。2003 年《經濟學人》（*Economist*）採訪他，問及這是怎麼辦到的，他這樣回答：「未來已經來臨，只是分布極為不均」。

吉布森認為，發明、創新和進步正在周圍發生，只是個人所處的位置，不一定看得見。當我們深入創新的聚落，就可以瞥見未來，甚至準確預知未來。想像一下，在世界某個角落，有一個我們看不見的創新聚落，正在設計未來，充斥著大家想像不到的科技和體驗，比方孟買的實驗室、矽谷的會議室、倫敦的辦公室，或是美國小鎮某個不起眼的車庫。原則上，大有可為的想法和創新正在萌芽，就像種子一樣，不斷地繁衍生長。只要足夠重要，影響力夠大，種子就會傳播開來，席捲全球。唯獨那些視野不夠廣，沒發現種子發芽的人，才會誤以為創新是無中生有。

如今，全球有許多創新中心。有些國家幾乎不用現金了，大多數的計程車和公共運輸全面電動化，公共衛生和安全透過大數據和人工智慧管理，自動駕駛車輛可以在一天或一小時內，完成宅配任務。這些都不是科幻小說的內容，也不是每個國家普遍的情況。我說的，正是中國！中國已成為世界上最先進、最仰賴科技的市場，擁有領先全球的數位生態系統，支持全球最大的無現金社會。未來已經來臨，就降臨在中國。

只可惜，2020 至 2023 年全球爆發疫情，展開邊境管制，大家看不到中國的改變。中國只頒發少量的入境許可證，加上中國政府強制隔離檢疫，全球商業領袖去不了中國，或者選擇不去中國，並不知道當地正經歷前所未有的發展。有人說，中國的數位生態體系、無現金經濟體、零阻力支付，以及在人工智慧和大數據的大躍進，已經領先其他國家十年。

此外，中國善用科技管控疫情，讓這個本來就快速發展和創新的社會，進一步加速發展。遺憾的是，中國防火牆不僅限制訊息入內，也限制訊息流出。中國有太多科技平臺是本地所獨有，外國人看不見，抖音／TikTok 是唯一的例外，它已經滲透全球，席捲社交媒體圈。當中國持續創新，世界其他地方卻看不見，而西方企業面對中國的崛起，有這份洞察力是重要的，甚至是必要的，否則無法維持全球競爭力。

## 創新，成為新一波軍備競賽

社會必須創新，才能夠成長和繁榮，持續進化和進步，迎向一個更有前景的未來。現在全球爭相追求更美好的未來。創新，成為新一波軍備競賽。走在創新最前線的社會，將會是全球的思想領袖和超級強權。就社會和創新而言，過去是西方取勝，以致西方看待中國和創新時，隱含一些偏見。

西方商業領袖對中國很好奇，認為它既是機會，也是威脅。對西方企業來說，中國是龐大的潛在市場，因此西方對中國的興趣與日俱增。

2019 年，世界銀行集團報告顯示，中國的國內生產毛額（GDP）每年成長 10％，中國主要的貧困人口頓時升格為中產階級。如今，中國人口大約占全球總人口 19％。中國的法規對企業特別優惠，人力成本也相當低廉，西方企業為了善用這些優勢，從 1970 年代以來，持續將製造和營運部門轉移到中國。

西方與中國接觸的機會變多了，對中國的興趣愈來愈濃厚，卻導致西方的優越感無限膨脹。西方對正在發生的事情視而不見，忽視中國在創新，正邁向未來的社會，甚至超越西方文明。這本書質疑的是，西方商業領袖看待中國的企業時，有一些錯誤的前提和觀點，因此斗膽邀請商業領袖們打開眼界吧，重新奪回創新的龍頭寶座。

事實上，西方企業（特別是美國）擁有悠久的創新傳統，從鋼鐵巨頭安德魯・卡內基（Andrew Carnegie）和石油大亨約翰・D・洛克菲勒（John D. Rockefeller），到現代的商業大人物史蒂夫・賈伯斯（Steve Jobs）和比爾・蓋茲（Bill Gates）。工業革命的發明和創新，擴大西方企業的規模，奠定了良好基礎，讓今天的西方世界享受成功和財富，堅信西方會永遠稱霸。問題是西方變得太自滿了，沉溺於古老的發明方式，忘了創新的真諦！西方就像伊索寓言的兔子，在場邊打盹、志得意滿，可是當西方在睡覺時，中國正加速前進，從現有的發明展開創新和改進，並以飛快的速度採納新技術。反之，西方正在喪失優勢。

以數位支付為例，二十一世紀初，這項技術在美國和中國幾乎同時出現。如今過了二十年，雖然美國是領先全球的經濟體，中國行動支付的總支出卻是美國的五百五十一倍！說得更具體一點，2019 年中國數位支付的普及率超過總人口的 80％，行動支付的總支出大約為 54 兆美元。自從 2019 年開始，中國許多商店甚至支援「刷臉」支付，根本沒必要從口袋掏出智慧型手機。相比之下，2019 年美國數位支付的總金額，只有區區 980 億美元。

有人說，中國抄襲西方的技術，不是靠自己發明。我跟大家說一件有趣的事，全球第一個數位錢包是 1997 年由美國可口可樂公司推出，打頭陣的並不是蘋果或任何銀行。如果我們只關注「發明」，恐怕會失焦。所有的發明或技術，終究會被「模仿」，通常是在十年後、專利到期的那時。

因此，真正的問題是中國如何發展數位支付系統，促進爆炸式的成長，徹底改變社會，而美國卻沒有——特別是支付寶和 Apple Pay 還在同年（2014 年）推出。我們可以從中學到什麼呢？中國是如何加速新科技普及，不僅讓大城市的中產階級採用，甚至還囊括那些沒有銀行帳戶、似乎不太需要便利支付的農村用戶？

數位支付發展至今將近二十年，美國的文化和經濟明明比中國更發達，甚至被譽為先進，擁有更充足的網路、技術和基礎設施，為什麼採用數位支付的速度如此緩慢？我講得更白一點，2021 年 5 月，蘋果報告顯示 iPhone 用戶有 25％使用 Apple Pay，到了 2022 年 7 月，4,540 萬美國人在過去一個月至少使用 Apple Pay 交易一次。[1]同樣在 2022 年，中國卻有 90％人口，相當於 14.26 億人使用數位支付服務，包括 Android 和蘋果的平臺。[2]

思考這個問題時，我們最好先暫停一下，把「發明」

和「創新」區分清楚。發明是領先全球創造某項產品或流程，例如全錄帕羅奧多研究中心（Xerox Parc）獨創作業系統和光學滑鼠技術。反之，創新是基於既有的想法，進行改良或聯想，打造出全新的產品、流程或服務，讓客戶願意掏錢買單，亦即把機會變成商品，進而稱霸市場，例如賈伯斯看上全錄的技術，應用於蘋果個人電腦，改變了使用體驗。[3]

有人指控中國侵犯智慧財產權，甚至拿出鐵錚錚的證據，以致中國的名聲受損，儘管如此，仍無法抹滅中國創新的事實。中國拿到工具和技術，就是比別人更懂得善用，加以發揚光大，以更快的速度發揮社會和商業影響力。這件事很弔詭，但我們必須有所覺悟，**中國仰賴別人的發明，同時也在創新**，這兩件事都發生了！

還有另一個說法，大家也經常耳聞，那就是把中國的進步歸功於政府政策，例如中國奉行產業保護主義；中國政府限制外國公司的營運，阻礙市場競爭；中國擁有得天獨厚的市場條件，比如市場規模大。這類說法經常低估中國的創新，甚至輕視中國，罔顧中國面對科技和創新時，為了推動商用化，下了多少功夫，才能夠大獲全勝，實現爆炸式成長。

這些扭曲的說法隱含了一個危險，這可能妨礙創新的種子在全球傳播。如果西方繼續輕視、忽略或低估中國創新的故事，那麼在創新的軍備競賽中，中國會逐步領先，而世界其他地區將遙遙落後。

## 該來模仿中國了

國際商業領袖看待中國的進步，經常交雜著好奇心和不信任，美國的政治觀點也在一旁幫腔，強調中國的創新會威脅西方產業。我不得不說，中國「山寨式」的商業手法，證據確鑿，但中國人發揮巧思，來發揚和善用西方的發明，也是不容懷疑。我們看待中國時，必須綜合考慮這兩種真相。何不放下偏見，擱置政治因素，從中國真正的成功故事，學習中國的策略呢？換句話說，何不模仿中國？不一定非要打敗中國，但至少加入中國的行列，參與新一波偉大的創新革命吧。

從古至今，無論是偉大的社會和帝國，或近代的一流投資銀行，再怎麼厲害，都有垮臺的一天。為什麼呢？通常是傲慢加無知，這是很可怕的組合。過度傲慢，以為自家的文化和社會最優越，一來刻意忽略自己的短處，二來看不見其他國家在創新，即將迎頭趕上。

如果中國創新的速度，比世界其他地方更快，而且在社會和商業發揮更大的影響力，那麼過了二十年，大家再跟中國相比，會是什麼狀況呢？如果只過了短短十年，又是什麼情況？有鑑於此，什麼是中國創新的主要驅動力呢？世界其他地方可以從中國那裡學到什麼？有沒有可以複製的模式？事實上，是有的。

## 「中國式創新」的九大催化因子

對西方商業領袖來說，這本書是一部攻略，透露多年來，中國企業默默實踐的創新關鍵原則，讓西方企業有機會效法。第一步，我們要重新定義「創新」本身。西方的商業領袖常以為創新是從無到有，要創造全新的事物；中國商業領袖倒認為，創新是把構想充分發揮、到市場上獲利。因此，西方把發明和創新搞混了。

換句話說，創新不只是打造新產品，沿用相同的老方法，經由相同的管道來銷售，反之，所謂的創新，要進行全盤評估，包括供應鏈的每一個環節，以及進入市場的管道，還要不斷改進系統本身。創新是基於既有的想法，加以改進或串聯，進而上市獲利，並大規模應用。

本書提供引人入勝的案例研究，協助西方商業領袖改變做法，迅速拓展業務規模。讀者可以學會：

- 放下「大 S」策略，改採「小 s」策略，提升企業營運的敏捷度。
- 創造和改良新產品時，要放下線性思維，專注於關聯和連結，建立全新的價值鏈，發揮商業效益。
- 不依賴既有的系統，而是設法創新，加快普及的速度。
- 善用數據的力量，轉化消費者的體驗，並且打破商業的慣性。
- 花更少的時間規劃，花更多的時間衝刺，以掌握市場的潛力，提升競爭優勢。

講得具體一點，從中國創新學到的九件事，可以在世界上任何地方，成功解鎖企業的潛力。事實上，這九件事是中國創新成長的催化劑，全部是中國企業解決問題的獨特方法，源自於中國真實的成功案例。轉型和價值創造的力量，可能比我們想像的更輕鬆、更簡單。創新不一定是一段艱難的過程，也不必執行大規模的組織改革。有時候，換一個觀點，創新就會變得更容易。

# 注釋

1.  Money Transfers Report on Apple Pay, "15 Amazing Apple Pay Statistics for 2022 That Will Surprise You", moneytransfers.com, September 26, 2022. https://moneytransfers.com/news/content/apple-pay-statistics#:~:text=Ap- ple%20Pay%20is%20supported%20 by,transaction%20in%20the%20last%20 month

2.  HBR IdeaCast, Episode 791, Interview with Zak Dychtwald, "How Tech Adoption Fuels China's Innovation Boom", May 4, 2021. https://hbr.org/podcast/2021/05/how-tech-adoption-fuels-chinas-innovation-boom

3.  Teppo Felin and Todd Zenger, "What sets breakthrough strategies apart", *MIT Sloan Management Review*, 59, Vol.59(2), 2017.

Chapter 2

# 中國如何崛起，成為全球創新龍頭？

中國最令人難忘的歷史，莫過於 1966 至 1976 年毛澤東推行文化大革命，造成社會混亂和暴力，以致我們太關注文化大革命的歷史效應，卻忽略了現代中國創新的驅動力。事實上，中國的發現、發明和創新，也在人類歷史上留下偉大的遺產。

　　中國最眾所周知的發明，是指南針、造紙術、印刷術和火藥。鑑於這四項發明對世界的影響，英國哲學家法蘭西斯・培根（Francis Bacon）稱之為「四大發明」。這四項發明都是通過阿拉伯商人，從中國帶到歐洲。指南針可以追溯到中國的戰國時期（西元前 475 年～西元前 221 年），大家公認這促成了地理大發現時代（Age of Exploration），即十五世紀歐洲海洋探索和殖民的時代。印刷術可以追溯到八世紀之前，通常歸功於隋文帝，因為他下令記錄佛教經文。最初九世紀發明火藥，是為了以煙火慶祝重要節日，到了十二世紀，火藥經過改良和標準化，應用於子彈、砲彈和地雷。

　　除了這四大發明，中國商代（西元前 1600 年～西元前 1050 年）的冶金學、液壓技術、工程學、建築學、農業和數學，都有領先全球的紀錄。新石器時代（西元前

3000 年～西元前 2000 年），中國開始使用犁，提高農業產量，使中國成為當時世界上最富有和最豐饒的地方之一。到了西元一世紀，中國水手發明了船舵，航行到東非；而在宋朝（西元 960～1279 年），因為中國人搭船旅行，所以發明了紙幣，帶動複雜的交易和國際貿易。

西方早就忘記這些事，或者老實說，西方從來都不知道，因為西方人上歷史課，通常不會深入探討第二次世界大戰之前的亞洲。此外，現代政治領域大多只關注中國的負面消息，卻掩蓋其正面進展。瀏覽國際新聞所報導的中國，主要涉及智慧財產權保護、環境問題、貿易戰、童工及少數民族的人道主義問題。這些問題當然值得全球的關注，但我們也應該明白，中國創新的故事正如火如荼地展開，並構成了中國人的心靈基礎，無數中國人將這種創新和開拓的歷史，當成根深蒂固的價值觀和信仰，藉此看待中國社會的過去和現在。

我們必須明白，在中國的文化裡，就像第二次世界大戰之後的美國，中國人對中國發明、創新和改變世界的能力，也是充滿樂觀及信心。中國有 14 億人口，這麼多人的共同信念，絕對是一股很強大的力量。

為了認識現在和未來的中國，一方面，我們要記住過去幾個世紀，中國所累積的文化遺產，另一方面，也要關注中國最近的社會和經濟發展，如何進一步灌輸現代的中國人，強化他們的文化信念，深信中國是創新的社會。接下來，我要讓大家看見中國的創新文化，所以我會簡述過去五十年來，中國的發展方向有什麼變化，使其成為全球極具影響力的大國。

## 世界的工廠

　　1970 年代，西方對消費性電子產品和商品的需求逐漸增加。2010 年中國加入世界貿易組織（WTO），國際貿易和投資的規則正式確立，開放全球企業前往中國，拓展事業版圖。當時，中國勞動力的教育程度不高，勞動法規寬鬆，稅制對美國企業很優惠，於是，這些供不應求的商品紛紛外包到中國生產。中國對外經濟貿易大學 WTO 研究院院長張漢林表示，「從 2010 到 2020 年這十年，中國有高達七成的經濟成就，都可以歸因於中國加入 WTO。」[1]

　　中國勞動力的教育程度不高，但是成本低廉，對於那些人力成本日益高漲的國家和產業來說，極具吸引力。如今，有些產業已經在歐盟和美國沒落，完全轉移到中國，例如，美國有七成的鞋子都是從中國進口，該產業在中國南方的東莞，雇用了 2.88 億中國農民工。[2]中國現在主導全球的鞋業製造，改善了無數中國人的生活，因為製鞋工人的工資，遠超過農民工在家鄉務農的收入，甚至高達五到十倍。由於這種雙贏的局面（世界需要廉價的勞動力，同時為中國創造更優渥的工作機會），過去十年來，中國貿易額成長五倍，成為全球最大的出口國。[3]

中國的貿易鼎盛，對其他國家也有好處。雖然這些國家失去了製造業的工作機會，卻迫使勞動力升級，投入對整體經濟更有附加價值的職涯。2011 年 11 月，中國商務部副部長俞建華表示，中國從國外進口商品，「成為全球經濟成長的主要動能」，估計在國外創造了 1,400 萬個工作機會。[4]

到中國製造，以及跟中國做生意，對全球來說是好事。一來維持生活用品的價格，把歐美的通膨率維持在低點，二來提高中國的經濟能力，同時為當時中國大批的農民工，提供更優渥的工作機會。然而，一些關於智慧財產權和盜版的指控及證據，確實把矛頭指向中國。當中國試圖發展本土企業，為了與美國和歐盟分庭抗禮，從發包的廠商「借用」大量的智慧財產權，尤其是軟體和娛樂產品，盜版特別猖獗。例如，2011 年微軟（Microsoft）透露，中國和美國的個人電腦購買量明明差不多，微軟在中國授權作業系統和軟體的收入，卻只有美國的 5%。[5]

智慧財產權的問題和爭議尚未解決，加上有人懷疑中國的進步都是不正當地篡奪而來，儘管如此，中國的經濟依然蓬勃發展，增長速度超過世界上任何國家。中國內部也有懷疑論者，擔心中國跟國際做生意，根本是「與狼共舞」[6]，把自己暴露在風險之中。因而有中國人主張，中國早已戰勝西方，善用外來的資本和投資，成功邁入現代。製造業帶來經濟繁榮，中國多數農村人口確實擺脫了飢餓和貧困，讓中產階級不斷擴大。

中國政府更進一步利用這個動能，推行各種政策和長期計畫，促進社會和經濟發展。教育是優先發展的目標，重點在於科學和數學，培養一批高技能的勞動力。另一個急需解決的問題，就是擴大基礎設施，包括道路、機場、火車、公共運輸，甚至興建民用住宅，這為中國創業家提供機會，並促進新技術發展，讓企業能夠迅速崛起。

後來幾年，中國的工作機會增加了，中產階級崛起，西方開始將中國視為世界的職場，以及世界的商品市場。不僅僅是製造業，就連跨國公司也紛紛在中國設立分公司和業務單位，向中國消費者推銷國際品牌和產品，成效斐然。中國本土品牌爆發品質醜聞，例如 2008 年嬰兒奶粉摻了三聚氰胺，導致中國消費者偏好國際品牌，中國人普遍認為，國際公司和品牌對品質和品管的標準比較高，投入更多的研發資金，反觀中國企業在這些領域相對弱勢。國際品牌的經營和行銷投資，擴大其在中國的市場，同時也提升中國勞動力的技能，因為中國人會進入跨國公司工作，參與行銷、業務、研發、法務和財務。

　　中國快速現代化和工業化，當然有缺點。品質不良就是真實存在的問題，中國政府必須加強監管，保護消費者。此外，在中國製造，可以滿足中國本地和海外的市場需求，中國卻爆發環境汙染，對中國和全球來說都是嚴重的公衛問題。此外，持續工業化，中國人紛紛移居城市，導致都市人口密集，工作的強度高，反而讓某些人的生活品質變差了。媒體報導過勞死的案例，並在社群媒體上引發中國網友熱烈的討論。

國際媒體經常報導中國的「壞消息」，加上社群媒體在海外促成「阿拉伯之春」（Arab Spring），以致中國政府反應過度，2009 年實施「防火牆長城」，禁止中國人造訪國際媒體、搜尋引擎、電子郵件系統、社群媒體及新聞來源。此外，貿易全球化之後，中國發現思想也開始全球化，於是主動遏止西方的影響力和思想。在中國的學校，不得使用外國教材，也不得講授「西方思想」。中國也開始加強審查對其不利的報導，人民沒有言論的自由，中國國家互聯網信息辦公室負責審查、過濾和刪除任何不利的內容，並且有權逮捕和無限期拘留內容的創作者。中國心生疑慮，盡量避免接觸西方思想，因而邁向新的發展階段。中國開始向內看，專心發展本土的企業和產業。

## 中國製，並且為中國而製

中國的經濟不斷成長，並且是一個新崛起的商業中心，因此中國制定十年的國家戰略計畫和產業政策，稱為「中國製造 2025」。中國鎖定了高科技領域，希望發展產業價值鏈的中上游，擺脫勞動密集型產業，減少對西方技術的依賴，成為一個真正的全球強國，主打技術密集。

「中國製造 2025」計畫，不僅實行政府補貼及減稅優惠，也動員國營企業，推廣智慧財產權，包括鼓勵自主研發和外部購買，以便迎頭趕上，甚至超越西方。該計畫的重點，正是所謂的第四次工業革命：融合 AI、機器人技術、物聯網（IoT）、基因工程、大數據和量子運算等先進技術。一些成長潛力大的關鍵產業，成為戰略投資的目標，包括 IT、電信、新能源車和運輸、先進製造的機器人技術、生物科技、農業和海洋技術、航天工程和 AI。

說到「中國製造 2025」計畫，第一步是製造業往價值鏈上游移動，鼓勵代工廠（OEMs）善用製造的知識，創立本土品牌。中國政府會提供補貼和減稅的優惠，突然間，中國冒出了一堆本土品牌，專為中國消費者製造。這些品牌和企業提供的產品，與海外銷售的產品一樣品質好，卻適應了中國市場，例如，洗碗機和洗衣機體積小一點，適合小家庭，雖然功能縮減，依然保留本土市場所需的功能。中國也出現本土體育用品品牌，販售優質的跑鞋和運動裝備，而價格非常實惠，讓中國年輕消費者也能選擇運動穿搭和街頭風格。基本上，目前中國的中低收入消費者都買得起現代便利設施，甚至是通常只有中產階級或富人才負擔得起的奢侈品。

　　此外，中國政府在教育體系也投入更多的心力和資金，明確聚焦於 STEM（科學、技術、工程和數學）。如今，中國每年 STEM 領域的博士畢業生，人數已經超越美國，而且差距還在擴大。2021 年喬治城大學安全與新興科技中心（Georgetown University's Center for Security and Emerging Technology）調查報告預測，到了 2025 年，中國每年 STEM 領域的博士畢業生人數，將會是美國的兩倍之多。[7]

　　因為國家如此重視，中國的科技熱潮才得以加速。阿里巴巴集團是電商的先鋒，其他中國企業如京東，也爭相推出電商平臺，於是網路經濟崛起。在這個階段，中國湧現一些科技巨頭。如今華為遍布 170 多個國家，以高性能的技術和誘人的價格，成為領先全球的電信、手機、電子產品和智慧設備供應商，於 2018 年超越了蘋果，成為全球銷量最高的智慧型手機品牌[8]，並且在全球爭取到無數的政府標案。中國電腦和伺服器製造商聯想，收購了 IBM 個人電腦業務，成為全球 PC 行業龍頭。比亞迪默默稱霸全球電動巴士市場，囊括世界上近八成的電動公車，這家中國的電池和電動車製造商，原本鮮為人知，現在已經是業界的佼佼者[9]。總部位於中國的大疆創新（DJI），成為世界領先的無人機廠牌。騰訊崛起，稱霸全球的遊戲領域，並且推出微信，像這樣的例子不勝枚舉。

在這個時期，中國企業創造驚人的創新和價值，新一代中國創業者眼中，「中國製造」是值得驕傲的標誌。以前那些成功的跨國品牌和企業，開始受到衝擊。大型跨國公司作風老派，而且行動遲緩，不再受到中國員工青睞，相較之下，他們更願意投入本地企業。中國新崛起的中產階級，也不再鍾情跨國的品牌，反而開始購買國產品牌，這是對自己國家的驕傲。

「國潮」崛起，形成了一股經濟動能。從 2009 到 2019 年，百度搜索（相當於中國的 Google）統計發現，中國品牌的搜尋量占總體品牌搜尋的比率，從 38％增長到 70％，其中以千禧世代最為明顯，這群人更傾向購買國內產品。[10]

## 全新的商業格局

中國在數百年前，曾經是世界上最大的經濟體，因此中國政府滿懷雄心壯志，希望能重獲這項殊榮——全球許多分析師預測這將會成真。事實上，過去三十年來，中國正朝著經濟超級大國邁進，進步的速度令人驚嘆。如今中國有 145 家企業，躋身《財星雜誌》全球 500 強名單（1994 年僅有 3 家），超越現在美國的 124 家。[11]

2016 年中國的 GDP，以購買力平價（這種 GDP 的計算方法會考慮各國標準化的商品服務成本）來計算的話，已經超越美國，這意味著中國已成為全世界最大的消費經濟體之一。中國個人財富正在急遽增加，根據麥肯錫的預測，從 2020 到 2025 年，中國百萬富翁的人數將從 500 萬人增加到 1000 萬人。[12]在過去五十年裡，中國創造的財富和價值，在人類史上無與倫比。

「中國製造 2025」的政策，有一部分是大規模收購，特別是收購一些戰略產業的關鍵企業或多數股份。其目的似乎不是爭奪海外市占率，而是要取得關鍵資源，或者把知識盡快轉移到中國。在許多情況下，對中國收購方來說，收購更像是合作夥伴關係，被收購公司能夠藉此機會進入中國市場，中國也會利用對方的專業知識，加強自身的成長和全球競爭力。下面是一些關鍵的例子：

- 中國汽車製造商吉利汽車收購了富豪汽車（Volvo）、紳寶汽車（Saab）和倫敦計程車公司（The London Taxi Company），移轉汽車設計和製造的知識，帶動中國汽車市場的發展。

- 中國國有企業中遠（COSCO）收購全球十幾個港口，遍及歐洲的荷蘭、希臘、西班牙、比利時、義大利、土耳其和法國，以及北非和印度次大陸，中遠的意圖非常明確，就是要掌握航運和物流，但仍有一些人擔憂背後是否有軍事意圖。

- 中國最大的肉類加工企業——雙匯國際控股公司（現為萬洲國際集團），收購世界上最大的豬肉生產加工商史密斯菲爾德食品（Smithfield Farms），堪稱中國史上規模最大的美企收購案。美國人平均食用的豬肉量正在下滑，而且低於牛肉和雞肉，但是在中國，豬肉是蛋白質的首要來源。

- 美國百年企業奇異公司（GE）的家電部門，已售予中國的海爾集團，這是中國電子產品產業最大的收購案。由於中國中產階級的財富持續增長，中國消費者渴望現代的家庭便利設施。

- 至於能源產業，中國的兗州煤業收購了澳洲的菲利克斯資源公司（Felix Resources），而中國石化公司收購在瑞士登記的阿達克斯石油公司（Addax），確保中國日益增長的人口，未來有充足的能源可用。

- 以中資為主的峽谷橋公司（Canyon-Bridge），是一家在開曼群島登記的企業，收購了英國 Imagination 公司多數股份，Imagination 是一家重要的智慧型手機晶片製造商。對於全球最大的智慧型手機市場來說，取得關鍵元件相當重要。

- 西安飛機工業集團（XAC）是中航工業（AVIC）的子公司，它收購奧地利的 Fischer Advanced Composite Components（FACC），持有 90％以上的股份，FACC 是領先全球的供應商，旗下的複合材料應用於機翼、引擎艙和機艙。中國因為這項收購案，接收大量經驗豐富的工程師，並支持自身的飛機開發計畫。

- 中國化工集團收購了一家法國動物營養添加劑製造商。安迪蘇（Adisseo）是全球第二大甲硫胺酸生產商，這是家禽產業常用的添加劑，安迪蘇的市占率有 29％之多，而家禽是中國飲食中第二大的蛋白質來源。

說到中國的商業格局，還有另一項新趨勢。中國有更多品牌和新創企業到海外發展，有些甚至只限海外銷售，並不在中國銷售。以下是一些例子：

- SHEIN 是一家總部位於中國的時尚和風格電商，向全球 150 多個國家提供快時尚服務，主要市場是在美國、歐盟和俄羅斯。SHEIN 實在太成功了，它在全球的版圖甚至比 Zara 還要大。但是，SHEIN 並不在中國市場販售。
- 總部位於北京的字節跳動，創立至今只有十年，由於旗下 TikTok 這款社群軟體 App 風靡全球，字節跳動成了全球最有價值的獨角獸新創公司。
- 中國極為成功的物聯網品牌小米，現在是印度最暢銷的智慧型手機品牌。
- 總部位於廣東的名創優品，專門販售玩具、美容和家居產品，正在海外開設零售店，目標是成為稱霸全球的 10 美元（及以下）商店。它在紐約市時尚的蘇活區開設一家旗艦店，每日銷售額達到 100 萬美元，利潤率達到 50%[13]，遠高於其在中國的利潤，因為中國消費者期望更低的價格。

## 幕後的中國

　　2019 年以來由於清零政策，全球有許多商務旅客無法前往中國，要是這些人有機會去一趟，就會對自己看到的景象感到驚訝萬分。今天，中國已經是完全無現金交易的社會，就連路上的遊民也接受數位支付，甚至偏好這種支付方式，因為很少店家會收現金。中國智慧型手機的用戶達到 9.53 億人，比世界上任何地方都多，也比印度、美國、巴西和俄羅斯的總數還要多。[14]QR 碼經常當成數位身分證使用，光憑一個 QR 碼，幾乎可以處理日常生活大小事，舉凡進入地鐵站，在疫情時期查詢就醫紀錄，證明個人的健康狀況（由於採用高階的追蹤技術，一旦有染疫的風險，QR 碼會變成黃色或紅色）。

　　人工智慧做得到的事情可多著，能調節個人的社群媒體訊息流量、公共的交通流量、個人的咖啡菜單。中國擁有世界上最快的磁浮列車，可以在 7 分鐘之內，從上海國際機場開到龍陽路（兩地距離 30 公里）。電商訂單在幾分鐘之內，就會由自動駕駛車輛送達消費者門口。而在一些超市，消費者掃描食品，即可顯示從農場到貨架的履歷資訊。中國大街上到處是電動車，中國電動車銷售成長的速度，竟是全球所有國家加總的七倍。[15]

然而，我們似乎看不清真相，或接收到錯誤的訊息。因此，我們常誤以為中國依然是世界的工廠，只聽說中國是山寨國，或者當中國應用程式和遊戲開始在西方風行，我們就擔心起安全和隱私。但事實上，創新把中國推向未來的速度，比我們想像的更快；我們有很多可以跟中國學習的地方。如果我們夠聰明，再用心一點，就可以從今日的中國瞥見自己的未來。

所以，讓我們深入了解中國，揭開九大催化因子，向中國學習如何實現指數級的成長。不過，這樣做有一個前提，你可能要重新看待中國和創新。一旦西方商業領袖學到這些功課，可以帶領企業實現更大幅的成長，加速推動科技發展，進而在全球推動文化和經濟的改革與發展。

這本書探討催化因子時，主要分成下列幾個主題：

· 何謂「中國式創新」的寶貴經驗：包括核心概念或要點，基本上，有什麼是可以複製的模型呢？

- **提供個案研究、數據、訪談和／或實際的見解**：這些真實的企業和成果，幫助我們深入理解和消化中國的經驗。有些案例比較簡短，有些特別深入，無論如何，每一個案例都很重要，有助於我們理解催化因子。
- **如何輸出到世界其他地方**：為什麼這可以放諸四海？我們該如何應用它，帶來成長或機會？此外，當我們應用這些催化因子，借助中國的寶貴經驗，要注意哪些潛在的劣勢、風險或其他考慮因素？

　　除非你對中國商業界特別感興趣，或者曾經在中國待過，否則有一些企業和名號，你可能沒有聽過。其中許多企業正在創造巨大的價值，在全球各地革新技術和經濟，有望成為世界級的領導者，非常了不起。為了準確評估其大小、規模和影響力，我會將這些企業與知名西方同業比較。其中有一部分無疑令人大開眼界，讓你瞬間明白，為什麼這些鮮為人知的公司和企業值得深入探討。

# 注釋

1. Peter Ford, "How WTO Membership Made China the Workshop of the World", *Christian Science Monitor*, December 14, 2011. https://www.csmonitor.com/World/Asia-Pacific/2011/1214/How-WTO-membership-made-China-the-workshop-of-the-world

2. Jennifer Pak, "The Chinese Workers Who Make Your Shoes", market-place.org, October 2, 2019. https://www.marketplace.org/2019/10/02/the-chinese-workers-who-make-your-shoes/

3. Ford, "How WTO Membership Made China the Workshop of the World".

4. Ford, "How WTO Membership Made China the Workshop of the World".

5. Ford, "How WTO Membership Made China the Workshop of the World".

6. Ford, "How WTO Membership Made China the Workshop of the World".

7. Michael T. Nietzel, "U.S. Universities Fall Further Behind China in Production of STEM PhDs", *Forbes*, August 7, 2021. https://www.forbes.com/sites/michaeltnietzel/2021/08/07/us-universities-fall-behind-china-in-production-of-stem-phds/

8. Samuel Gibbs, "Huawei beats Apple to become second-largest smartphone maker", *The Guardian*, August 1, 2018.

9.  Research and Markets Report, "Global Electric Bus Market (Value, Volume) – Analysis By Propulsion Type (Battery, Hybrid, Fuel Cell), Consumer, By Region, By Country (2022 Edition): COVID-19 Implications, Competition, and Forecast (2022–2027)", April 25, 2022.

10. Daniel Zipser, Jeongmin Song, Jonathan Woetzel, "Five Consumer Trends Shaping the Next Decade of Growth in China", McKinsey White Paper, November 11, 2021. https://www.mckinsey.com/cn/our-insights/our-insights/five-consumer-trends-shaping-the-next-decade-of-growth-in-china

11. Clay Chandler, "Chinese Corporations Now Dominate the Fortune Global 500", *Fortune*, August 19, 2022. https://fortune.com/2022/08/18/fortune-global-500-china-companies-profitable-profitability-us-rivals/

12. Zipser et al., "Five Consumer Trends".

13. Evelyn Cheng, "Chinese Companies Look to US and Asia as Growth Slows at Home", CNBC, July 12, 2022. https://www.cnbc.com/2022/07/12/chinese-com-panies-look-to-us-and-asia-as-growth-slows-at-home.html

14. Statista, "Number of Smartphone Users in Leading Countries 2021", statistia. com, Published August 11, 2022. https://www.statista.com/statistics/748053/ worldwide-top-countries-smartphone-users/

15. Zipser, et al., "Five Consumer Trends".

Chapter 3

# 催化因子一：
# 解決創新的兩難

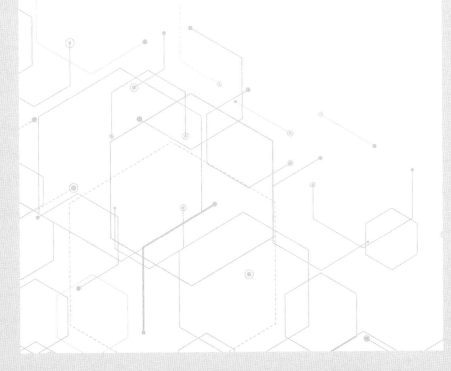

「破壞式創新」（disruption）這句流行語，風行了數十年。每一個企業都希望成為「破壞者」，而沒有哪個企業希望被「破壞」。但這究竟是什麼意思？曾經有一年，「破壞式創新」被文章提及的次數，竟然超過一萬次[1]，但是大家都理解錯了！這個字到處濫用，有時是創新的意思，有時只是隨口一提，描述市場競爭或產業動盪。

　　事實上，破壞性創新的理論更像是《聖經》大衛與歌利亞的故事，一個不起眼的競爭者戰勝了看似永遠不敗的巨人。在這個故事中，大衛的武器是從地上撿起來的小石頭，一舉擊倒歌利亞──小石頭看起來一點也不像武器，不太可能是對抗歌利亞的刀劍。破壞式創新的案例中，關鍵就在於商業模式（相當於大衛手上的石頭），而不是產品或服務。

　　1997 年美國的經濟學家克萊頓‧M‧克里斯坦森（Clayton M. Christensen）出版了《創新的兩難》（*The Innovator's Dilemma*），書中提到破壞式創新的基本前提。一間資源明顯較少的小公司，竟然出人意表地推翻另一間知名大公司，這就是所謂的破壞式創新。破壞式創新一詞，到了 1990 年代才流行起來，但是早在數十年前，小型新創企業就一直在顛覆產業，使得大公司的老闆傷透腦筋。

大衛的身形和力量如此小，要怎麼扳倒大巨人呢？雖然歷史悠久的大公司擁有更多資金，更有遠見和機會去發現破壞式的大趨勢和新科技，卻難免變得短視近利——只顧著攏絡現有的客戶，改進現有的產品，而未能在新的領域，與新的客戶合作創新，也未能為整個產業看見並創造新未來和新現實。

克里斯坦森稱這樣的困境為「創新的兩難」，怎麼說呢？現有的成功、專業知識和盈利能力，往往會困住現在的大公司，忍不住固守現有的事業線，看不見產業的未來，以致在大公司內部，任何突破和顛覆的機會都有可能被扼殺，或者過早放棄。

市場上的挑戰者展開破壞性創新，往往會採用不為人知的新技術，（一開始）上鉤的人，絕非大公司手上的客戶，所以有賴不同的組織能力，而且以低價取勝，比起大公司的核心業務，利潤沒那麼高，也缺乏吸引力。一家成功的大企業怎麼可能願意壓低利潤，投資不太有吸引力的業務，犧牲原本的獲利能力呢？如果要這麼做，光是股東那一關就過不了。但是，若不這麼做，往往會錯過攸關生存的機會。所以，回到前面的比喻，在這種情況下，歌利亞的弱點有幾個，包括當前的業績門檻、盈利目標和專業營運能力。

Netflix 的串流服務，顛覆了百視達的 DVD 出租服務，堪稱破壞式創新的經典案例。在這個案例中，原來的產業龍頭沒發現網路的新潛力，網路是更低廉、更便利的服務管道，更容易滿足消費者的需求。柯達也是一個例子。柯達發明了世界上第一臺數位相機，卻沒有察覺數位科技將會顛覆攝影界，撼動柯達的主要業務——底片和照片處理。

克里斯坦森針對創新的兩難，提出解決方案。他建議把新業務獨立出來，成立一個新的業務單位，作為獨立運作的孵化器，只專注於一個目標，那就是探索未來。相較於核心業務，這個孵化器擁有大一點的自由，少一點的階層和官僚體制。套句克里斯坦森的話，創新管理屬於「探索」活動，專門探勘新的可能性，不用拘泥嚴格的營運和財務規定。反之，核心業務管理屬於「開發」活動，因為當前的業務已經夠熟悉了，可以妥善利用和開發，提高盈利能力，將此商業模式發揮到淋漓盡致。

克里斯坦森還建議大家把創新視為投資，設立不同的門檻和期望，有別於一般的季度投資報酬率（ROI）。企業在初期要降低對利潤的期望，任由「探索」的業務盡情實驗，不受制於公司內部嚴苛的規定，以免創意遭到扼殺或過早熄滅。

《創新的兩難》這本書，以及書中建議的探索法／開發法確實前無古人，並且廣受好評。全球許多公司都採納這種方法，把破壞式創新導入成熟的企業組織。雖然破壞式創新理論解放了大企業，但是在許多成熟的產業中，大企業遭到顛覆的事件仍層出不窮。

於是有人發現這個模型隱含一些陷阱，尤其是探索和開發的概念遭人誤解，或者長期下來變調了。一些管理者從字面理解「開發」一詞，把核心的業務單位視為壓榨現金的工具。這是企業及其領導人最熟悉的業務單位，早已掌握營運，了解客戶需求，並設立明確的財務目標，來定義何謂成功。因此，企業往往不願按部就班，追求永續創新，推動產品進步，而是走旁門左道，例如拚命降低成本，追求更高的投報率。只可惜，這會傷害客服和產品的體驗，反而導致核心業務加速衰退。

這個模型還有另一個陷阱，有時候負責探索的業務單位只是徒有創新，卻沒有動力和壓力去實際應用，發揮商業潛力。探索的活動，最終要邁向開發的活動，但孵化器經常遇到的難題，就是找不到相關用途。

這裡舉一個經典的例子，1979 年賈伯斯訪問全錄帕羅奧多研究中心。全錄把創新業務獨立出來，不只是財務獨立，連辦公室也在不同的地點；遠離位於紐約的總部，特別挑選加州的矽谷，鄰近其他科技新創企業。賈伯斯前往拜訪時，看到全錄光學滑鼠和圖形用戶介面技術。這些都是革命性的新科技，全錄 PARC 團隊卻想不到任何用途，反觀賈伯斯立刻看見一個機會，那就是簡化個人電腦介面，可望為蘋果的用戶帶來更方便操作的友善使用體驗。他以驚人的低價收購這項技術，全錄創造了這項科技，卻不知道它的潛力。

史丹佛大學的查爾斯・奧雷利（Charles O'Reilly），以及哈佛商學院的麥克・塔辛曼（Michael Tushman），這兩位商管學者在 2011 年展開研究，並於 2016 年出版《領導與顛覆》（*Lead and Disrupt*）一書，探討創新的兩難，點出其中的陷阱和挑戰。[2]他們建議企業組織培養「雙元能力」（ambidexterity），顧名思義就是熟練使用雙手，如果套用在創新的兩難，那就是妥善分配探索和開發的比例，兩個業務層面都要一樣熟練。一方面，在核心市場保持高度的競爭力，另一方面，看見新的契機，在新領域出奇制勝。雙元能力有賴企業在組織內部，培養多種對立的結構、文化、流程和管理方式。然而，就連最熟練和最有前瞻性的執行長也不容易做到，所以至今這仍是許多西方企業的弱點。

這是一本探討中國創新的書，為什麼要談論哈佛商學院的經典創新理論，以及新創企業扳倒大企業的老故事呢？因為唯有認清西方企業最常見的挑戰，才明白中國企業的手段有多巧妙，竟然可以避開這些挑戰。

中國企業的雙元能力，簡直是天生的，可以同時在探索和開發的活動，投入同等的能力和承諾。中國企業還更進一步，把現有的技術與探索的活動相結合，點跟點串聯之後，擴大兩者的影響力。中國企業在探索和開發兩條路徑之間，盡情地串聯，似乎天生就看得出某個領域對另一個領域有何影響。

正因如此，中國企業不僅具備雙元能力，還能確保探索和開發的路徑定期相交會、相結合，然後再次分離，具有獨特的流動性，進而連接更多的小點。這種靈活連接各點的能力，以及把現有的技術和概念轉移到新的背景，使中國企業取得巨大的成功，創造大量的價值。

## 實現雙元創新：世上最有價值的獨角獸企業

你可能從未聽過字節跳動，但肯定聽過它的創新產品TikTok。字節跳動的總部設在北京，如今是世界上最有價值的獨角獸新創企業，創立至今只有十年。截至 2021 年底，字節跳動的市場估值超過 3,500 億美元[3]，員工數達到 11 萬人（是 Facebook 的兩倍）[4]，並在全球 150 個國家擁有 19 億月活躍用戶，支援 75 種語言[5]。字節跳動經營中國最受歡迎的新聞應用程式——今日頭條，以及在全球引起轟動的短片社交分享應用程式 TikTok，亦即中國的抖音。

光是 TikTok／抖音一款產品，全球下載量就達到 33 億次[6]，相當於 Meta 集團旗下 Facebook、Instagram、WhatsApp、Messenger 和 Oculus 所有應用程式的總下載量。字節跳動創辦人張一鳴的財富，在 2021 年翻倍，超過 590 億美元，但其實他只擁有公司 22％的股份，就足以成為中國第二富有的人，超越了阿里巴巴創辦人馬雲，馬雲只排名第五[7]。

阿里巴巴稱霸中國電商領域，而字節跳動不一樣，它的影響力遍布全球，這是第一家在全球各地取勝的中國科技公司，發展速度實在太快了，令全球的科技產業震驚不已。Meta 平臺旗下有 Facebook 和 Instagram，前營運長雪柔・桑德伯格（Sheryl Sandberg）任職期間，就曾經擔憂 TikTok 的競爭，她認為「TikTok 成長非常迅速，累績用戶數的速度，比我們以前快得多」。[8]

實際上，2022 年 Meta 平臺的股價暴跌 40％以上，產業分析師認為，TikTok 之所以成功，是因為 Meta 表現不佳[9]，當時字節跳動和 TikTok 稱霸全球，提振中國企業的士氣，紛紛向全球擴張。這就是為什麼字節跳動的故事如此扣人心弦，從這個案例可以看出，雙元能力對創新至關重要。

## 字節跳動的「探索式」創新

首先，字節跳動的「探索式」創新，主要憑藉一系列的專利技術堆疊（technology stack），包括 AI 推薦系統演算法和用戶檔案，兩者結合起來，可提供高度個性化的內容。這顯然有別於其他社交應用程式，不再根據搜尋或社交互動喜好，來訂定用戶的自選內容。

反之，字節跳動旗下的應用程式，直接參考用戶的個人檔案，向用戶提供個性化內容，而這些檔案是從用戶數據生成的。當用戶與應用程式的互動愈多，演算法就會變得更聰明，推薦更貼近用戶的內容。這就是為什麼 TikTok 的用戶體驗愈來愈吸引人，有些人甚至說會上癮。更重要的是，這種技術堆疊是一大突破，競爭對手都還沒有類似的成果，根本無法比擬。2018 年 Facebook 曾在墨西哥試驗 Lasso，這是一款受到 TikTok 啟發的應用程式，只可惜失敗了，2020 年就退出市場，每日活躍用戶不到 8 萬人[10]。

諷刺的是，無論世界怎麼定義它，TikTok 並不認為自己是社交應用程式。相反地，字節跳動認為 TikTok 是以內容為主的社群，創始人張一鳴經常說，在他心中，抖音是現今行動時代的短片電視平臺，而不是以影片為主的社交媒體平臺。字節跳動開發這些技術堆疊，無非是為了讓用戶觸及他們特別喜愛的內容。社交元素只是次要的，內容才是主要的驅動力，只不過有類似個人檔案和興趣的用戶，可以順便交朋友。然而，字節跳動提供用戶的內容，最終是高度個性化，以用戶個人檔案為基礎，而非用戶的社交互動喜好，或用戶留下的評論。其實，一開始這項技術不是為了短片和音樂而開發，出現在字節跳動的第一款產品是：今日頭條，這款中國的應用程式，集結了每日新聞和資訊。

今日頭條是字節跳動的第一批產品，主要從張一鳴過去的經驗出發。推出今日頭條之前，字節跳動（當時大約有 30 位員工，在北京一間公寓裡工作）已經推出一些小型娛樂應用程式，主要以迷因為主。雖然沒有大紅大紫，但每一次失敗的經歷，都為張一鳴累積寶貴的經驗，確認哪些有效、哪些無效，以及哪些其實是用戶的痛點。在創立字節跳動之前，張一鳴曾在北京幾家新創公司待過，比如九九房（房地產應用程式）、酷訊（旅遊應用程式）及大企業微軟。他累積這些經驗，發現三個尚未滿足的需求和痛點，當時沒有任何平臺成功解決：

1. 智慧型手機螢幕小，行動瀏覽會受限。
2. 用戶瀏覽的時間很零碎，他們想滑手機時，都是一些零碎的時段，例如排隊的幾分鐘，或者等公車的片刻，所以無法靜下心閱讀典型的內容格式。
3. 新聞、娛樂和社交媒體的資訊量過載，不容易找到最適合個人的內容。[11]

　　張一鳴決定利用單一的新聞資訊平臺，解決這些需求。首先，即使只有 1 分鐘，民眾也會看新聞，其次，持續接收資訊是一種基本的人類需求。但他還想更進一步，設計一個平臺作為個人推薦引擎，通過大數據和機器學習來理解用戶。

　　當時是 2012 年，運用 AI 來策劃新聞是一個激進的概念。新聞業的資訊是靠人類編輯策劃——由個人決定哪些報導是「大新聞」，而哪些不是。原始的新聞平臺及所有其他平臺的典範，莫過於雅虎入口網站。但這個模式，只是把現有的新聞模式套用在網路科技。除非用戶主動表明，他們偏好看世界新聞、地方新聞，或者體育和商業新聞，否則這些新聞並沒有「個人化」。對於大多數用戶來說，新聞仍要靠搜尋——如果他們想閱讀有關時事的新聞，就會在雅虎或 Google 搜尋，換成在中國，就會用百度搜索引擎。但是，張一鳴想像的產品顛覆這種動態。在他心中，不是民眾主動找訊息，而是訊息主動找上人。從用戶搜尋轉向系統推薦，用戶不必再採取特定的行動。張一鳴就是抓住這個機會，善用通路尚未開發的力量，來顛覆新聞和資訊產業，為用戶提供更好的服務，提供客製化的產品，帶來更大的便利及更棒的成果。

今日頭條的用戶個人檔案，正是高度個性化的關鍵。這裡面包含三種數據[12]，在張一鳴看來，這些最能夠精準捕捉必要的資訊，向每位個別用戶提供高度相關的內容。首先是用戶數據，包括年齡和性別等人口統計資訊，以及設備類型、瀏覽歷史等。其次是平臺收集的內容數據，包括用戶參與的內容目錄。第三是環境數據，例如用戶的所在位置、網路穩定性、待在家還是在公司，或者正在搭公共交通工具，以及用戶所在地的天氣狀況等。

隨後，今日頭條再利用機器學習，來預測用戶的品味，主要有兩個關鍵的流程：（1）內容的過濾：根據用戶過去觀看的內容，向用戶推薦；（2）協作過濾：為相似內容偏好的用戶，建立用戶群組檔案，亦即基於某一名用戶的行為和偏好，向其他類似用戶推薦內容[13]。接下來，今日頭條會優化內容，迎合用戶可能的喜好，為內容的「推薦價值」評分。無論是點讚、點擊率和完成率，都會增加推薦價值，但如果觀看時間太短，反而會降低推薦價值。

推薦價值也會隨著時間降低，因為資訊會過時。每次點擊或停留，會發揮數據網絡效應，讓演算法變得更聰明，用戶檔案也會變得更完備，更深入了解用戶偏好的內容。隨著用戶體驗提升，參與度就會升高，花更多的時間使用，用戶的檔案會愈來愈豐富，創造更匹配的內容，這是永無止盡的良性循環。

2012 年今日頭條的用戶留存率為 45％[14]，在全球居冠，張一鳴終於確定自己找到關鍵了。他建立過濾流程和用戶個人檔案，並且結合兩者，成功實現創新，創造由 AI 驅動的成長飛輪（growth flywheel），為業界設立個性化的新標竿，而且在任何用戶平臺都可行。字節跳動相信，這會改變產業界的遊戲規則。

張一鳴發現，有了這個飛輪，字節跳動就可以創造無限的應用程式。只要構思獨特的應用程式，擁有相應的內容模型，然後把內容加以個性化。此外，無論應用程式是否蔚為風潮都沒關係，就算有些程式失敗了也無所謂，因為技術堆疊所生成的資訊，可以豐富用戶的個人檔案，改良所有應用程式的推薦引擎，讓目前和未來的應用程式更有吸引力。

最後，張一鳴相信這個飛輪超越了文化，讓他有機會探索全球性的超級應用程式，這是中國企業從未實現的壯舉。全球 80％的網路用戶在中國境外[15]，最大的機會其實是海外市場。但是一款成功的全球應用程式要進軍海外市場，通常必須適應當地的文化，還要有人負責策劃管理，導致許多中國應用程式走不出世界，畢竟為新市場開發產品的固定成本很高。不過，張一鳴認為，有了成長飛輪，他們就不用大規模調適，也不需要人工策劃管理，因為 AI 本身就是驅動引擎，用戶個人檔案會自然而然地調適，因此，字節跳動為每一位新用戶提供服務的成本將會趨近於零。

張一鳴覺悟以後，從主要業務分拆幾支團隊，嘗試各種可能的全球應用程式。這些團隊仍享有大企業的資源，例如工程、程式編寫或法務部門，卻不用面臨盈利和投資報酬的壓力，比起一般獨立的新創企業更有優勢，因為一般新創企業還得兼顧募資和發展。在這種結構之下，營運團隊更願意展開有系統的實驗，搜尋下一個全球超級應用程式。張一鳴當時推測，今日頭條是來自中國的新聞資訊應用程式，政治敏感度太高了，不太可能成為全球超級應用程式，於是他決定從娛樂領域下手。

　　今日頭條依然很成功，至今還在成長，這個應用程式帶來的經驗，幫字節跳動大賺一筆。2015 年今日頭條革新了中國的新聞資訊領域，全球網路和應用程式的整體內容，也因為智慧型手機和 4G 而演進，短片成了極度吸引人的新內容形式。張一鳴在今日頭條觀察到，短片（長度 6 至 15 秒）比其他任何內容更有黏性，他不禁好奇字節跳動能否再成立一個新平臺。他也注意到一些短片和音樂平臺，例如美國的 Vine、中國的 Musical.ly（在美國和歐洲都有用戶）和快手，正吸引年輕時髦的用戶。因此，他指派一支孵化團隊，由 10 名員工組成（來自今日頭條

2,000 人的大團隊），專門研究短片，這些人只肩負一個任務，就是運用字節跳動的飛輪來探索「面向全世界的行動電視」[16]。

抖音和 TikTok 正是從這個孵化器誕生，不久就在中國和日本推出。為了獲得初始用戶的個人檔案，字節跳動收購印度和印尼當地的應用程式，為自己爭取進入市場的契機。隨後，基於相同的原因，繼續收購中國的 Musical.ly，該應用程式在歐美擁有少量追蹤者。接下來的故事，大家就如數家珍了。

## 利用成長駭客，實現「開發式創新」

除了利用個性化的飛輪，跨越各種平臺，變身應用程式的工廠。字節跳動和抖音／TikTok 還懂得善用「開發式」創新，來刺激成長、營收和盈利，它是如何辦到的？

在當時，中國科技新創企業的數位行銷，做得沒有美國好。美國科技新創企業花大筆預算，執行數據驅動的銷售和數位行銷，持續擴大平臺的規模，推廣到世界各地，並且爭取用戶。另一方面，中國科技公司把重心放在營運部門，透過低技術、低成本的方式，跟價值鏈上所有參與者打交道，擴大成長的規模，這種做法就稱為成長駭客（growth hacking），營運團隊會採取實戰行動，而且目標只有一個，以有限的預算實現大規模增長。

無論在任何產業、對任何企業來說，成長駭客的手法都是屬於低技術，尤其與字節跳動的技術堆疊相比，更顯得低階。然而，抖音／TikTok 爭取用戶的方式，就是利用創意、不耗費資源，而通常預算也有限。任何行銷和營運方法，一律先小規模試行再說，如果經過證明確實有潛力，企業再加碼投資，擴大業務和實施的規模。而且這些方法之中，並沒有什麼新點子，字節跳動就是從其他的新創企業，借用成長駭客的經驗。

・打從一開始，抖音／TikTok 便允許用戶建立和輸出影片，可以發布到任何社交平臺，但這些影片都加上了抖音／TikTok 的浮水印和用戶 ID，有助於推廣該應用程式和創作者。

・每一位公司成員，包括執行長張一鳴在內，都必須申請帳號和刊登內容，而且對於觀看次數設定具體目標和關鍵績效指標（KPI）。

- 字節跳動團隊也在中國的微博和微信，以及全球的 Facebook 和 Instagram 等其他社交媒體平臺申請帳號，發布加上浮水印的影片，以提升品牌和技術的知名度。

- 字節跳動在中國建立了轉換系統，可以跨越各種應用程式，把旗下其他知名應用程式的用戶轉移到抖音。從自家的管道爭取用戶，特別符合成本效益，每位新用戶的成本大約是 0.016 美元。[17]

- 字節跳動甚至創立其他應用程式，作為低成本的吸客工具，例如 Meme 應用程式會吸引追求娛樂的用戶，將這些人導入抖音。

- 抖音的營運團隊注意到那些非常活躍的「超級用戶」，邀請他們一起共進午餐並聆聽建議，共同創造和推動更良好的用戶體驗。這催生不少新的功能，例如妝容濾鏡，讓創作者看起來更專業，甚至不必化妝就能直接拍攝，降低創作內容的門檻。

- 營運團隊在全球各地設立宣傳帳戶，拚命到其他平臺投放廣告，巧妙地利用知名的歷史人物來製作病毒式廣告迷因，就不用支付廣告費，例如為蒙娜麗莎或林肯配音，假裝他們也在使用這款應用程式。

- 在當時中國法律還允許這種做法，經銷商在每部安卓手機預先安裝抖音，抖音就支付 0.06 美元[18]，省去用戶下載的麻煩，讓潛在用戶更有機會去試用。

- 字節跳動知道應用程式體驗的黏性強、留存率高，因此在全球推廣時，允許用戶不註冊即可體驗，直接消除試用／採納的障礙。儘管如此，字節跳動仍會參考裝置 ID 和實體位置，建立該用戶的影子檔案，以推薦相關的內容，實現高度個性化。

- 抖音贊助一檔嘻哈選秀節目《中國有嘻哈》，成功吸引了中國城市青年，同時為該應用程式創造免費的高價值短片。

- 在亞洲，字節跳動招募迷人的女大學生，作為抖音的「推廣大使」，推銷包括冰茶到手機通話在內的各項產品。推廣大使會站在人流密集的地方，發送小禮物或現金給安裝該應用程式的民眾。根據新聞報導，這導致許多年長的男性加入，以往短片的用戶群，主要是 9 至 12 歲的兒童與青少年，後來成功拓展到「更高的」年齡層。

- 無論在中國或全球，抖音／TikTok 都會舉辦挑戰賽，提供簡單的創作模板，鼓勵用戶創造更多的內容。這些挑戰賽的影片經常在抖音以外的平臺，猶如病毒般傳播，並且在全球社交媒體掀起熱潮。

· 在地化的內容，正是抖音／TikTok 無往不利的關鍵，因此有大筆的資金都在補貼內容創作者，有時碰到強大的創作者，甚至會出動客戶經理來幫忙創作者優化內容，提升追蹤人數。為了挖掘創作者，抖音／TikTok 經常關注藝術學院和藝術系學生，以獲取更獨特和有創意的內容；也會為全球的創作者舉辦獨家派對，不僅可以獎勵創作者，也為平臺創造更多的內容。

到了 2018 年第一季，抖音／TikTok 成為全球下載次數最多的應用程式[19]，而且 2020 年的用戶留存率，在中國業內居冠，逼近 90％。[20]甚至有人在 YouTube 創作關於 TikTok 短片的影片，這類影片大多長達 10 分鐘，吸引了數百萬的點閱量。在網絡世界中，做「一個抖音」或「一個 TikTok」早已成為慣用語，意思是製作一支短片。抖音／TikTok 正鋪天蓋地，席捲網路文化。

用戶數成長的速度變快，但問題是如何變現。為了提高收入，通常向其他科技產業借用成長駭客的方法。受到電腦遊戲的啟發，其中一種變現工具是在 App 購買虛擬貨幣。開放用戶以真實貨幣購買 TikTok 金幣，並在 App 內購買表情符號，以及「禮物」或「鑽石」，送給他們最喜歡的內容創作者，作為對內容的感謝小費。如果創作者想把禮物或鑽石兌換成現金，平臺會收取 50％的佣金。從 2018 年 6 月到 2020 年 5 月，該平臺在 App 內購買的收入增長了 4,233％，2022 年收入預計為 7,800 萬美元。[21]

目前為止，廣告是該平臺最大的收入來源。抖音／TikTok 運用同一套個性化引擎，來提供精準的廣告資訊，成為數位行銷和廣告商的首選，包括可口可樂、NBA、華盛頓郵報、蘋果、BMW 和漫威等。這是主要的收入動能，讓抖音／TikTok 榮登當紅的數位行銷管道，2022 年抖音／TikTok 在全球數位廣告市場銷售額中，占比高達 5.3％，銷售額為 316.6 億美元。[22]據估計，抖音／TikTok 近四成員工屬於銷售人員[23]，不僅銷售廣告位，也為廣告商針對內容提供建議。基本上，廣告就是一種內容形式（確實如此），可能有影片挑戰、娛樂內容、病毒式傳播、標籤等形式。這類廣告內容比其他管道的表現更亮眼，因為更有趣，所以目標受眾觀看的次數，比傳統的產品展示廣告更多。據媒體報導，由於善用個性化引擎，所以非常精準，效率和效果兼具，抖音／TikTok 成為廣告商的首選管道。

另一個重要的收入來源（自 2020 年起），則是電商銷售。抖音／TikTok 新增電商的功能，開放用戶購買在影片中看到的物品。基本上，抖音／TikTok 開創新的社交銷售工具，即「社群商務」（social commerce）。第一年，其社群商務的總銷售額為 1,190 億美元，到了 2022 年預計有 1,800 億美元，增長 35％。[24]

## 字節跳動的雙元營運策略

字節跳動確實成了 App 工廠，在中國和全球各地擁有 21 款成功的 App，這不只是因為技術堆疊（包括個性化飛輪），也因為公司內部各自獨立的作業流程。雖然這些作業流程是分開的，卻共享服務及戰略交匯點，讓所有流程或事業體相互通報，互求進步。

共享服務平臺（SSP）並非新觀念，只是字節跳動用不一樣的方式，來發揮 SSP 的用處。[25]小型創業團隊（通常只有幾個人）成立後，為了探索新事物，就會向 SSP 尋求必要的營運資源。在其他公司，SSP 通常包括法務、人資、IT 和銷售，但是在字節跳動，技術堆疊（由工程、程式設計和用戶研究來統籌）才是 SSP 的核心。當新創團隊瞄準用戶未滿足的需求，就可以善用 SSP 加速整套流程。用戶研究專家會提供市場分析，這些資料通常早已存在於之前或同時並進的項目中。工程部門為新產品或新功能提供程式碼，通常是從內部檔案中直接找現成的，稍微做一下調整，適應新的使用情況。字節跳動在內部共享營運工具，還有自行開發的雲端，所以能有效管理 SSP，讓所有資訊和營運資源隨時可用。新創團隊只要利用 SSP，就可以快速迭代，比競爭對手快一點推出產品。字節跳動僅用了四個月，就推出一款教育類應用程式，經產業專家估計，至少比競爭對手縮短了十八個月。[26]

小團隊行動敏捷，又有 SSP 撐腰，探索的成本微乎其微，因此字節跳動並不介意在同一個領域，成立好幾個團隊。由此可見，企業內部沒太多的冗餘，難怪一年內就可以推出 12 款娛樂類應用程式，並同時擁有 20 多個並行項目，拓展海外市場。[27]另一方面，字節跳動解散表現不佳的新創團隊毫不手軟，一眼能夠看出哪些團隊有潛力、哪些沒有，使得字節跳動每年的探索創業活動，總是比競爭對手還要多。科技業瞬息萬變，這就是字節跳動的一大競爭優勢。

新創團隊不僅開發新產品，也會從現有的產品中，發現新的成長軌跡，包括爭取新用戶、創建新內容或新功能，甚至推出新的廣告產品，提升變現的能力。如此一來，SSP 兼具雙重功能，一是加速漸進式創新，二是開發現有的業務模式，進而改良字節跳動的 App，提升用戶使用的體驗，讓整個業務更有賺頭，形成一個有良性循環的開發活動，就連現有的產品也能逐步創新。此外，再加上 AI 驅動的個性化飛輪，企業就擁有看似完美的雙元能力。探索和開發達到和諧平衡，每個工作流程都相互通報，讓企業成功串聯探索和開發之間的各點，發揮潛力。難怪字節跳動是世界上最有價值的新創企業。

## 如何輸出這個催化因子

中國企業是如何化解「創新的兩難」呢？一是展現探索和開發的雙元管理能力，二是結合中國企業獨特的特點。這裡深入探討的字節跳動，屬於科技類新創企業，但這種中國式的雙元能力，其實遍及許多產業和類型的企業，不僅僅是新創企業或科技產業。那麼，中國企業是如何辦到的？西方企業可以仿效哪些策略，來培養自身的雙元能力呢？

## 唯一不變的，就是擁抱改變

就連中國最大的企業，也有改變的氣魄，反觀西方的大企業，往往像大型的海洋郵輪，需要長時間規劃新航向，然後再慢慢轉向，但中國大企業懂得靈活應變。即使是最大的企業也具有創業精神，不太會說出「我們一直都這樣做」，或者「以前就試過了」的言論。天底下，沒有固定不變的事，也沒有無庸置疑的情況；一切都可以挑戰、質疑和改變。

中國文化見識過大幅的進步，因此中國人大致都接受改變，但是西方接納進步的人，通常只限於年輕一代，然而在中國，即使是工作大半輩子的人，也有驚人的臨機應變力。扎克・戴克沃德（Zak Dychtwald）的著作《年輕的中國》（*Young China*），探討了這個文化差異，他認為這是中國有別於西方的主要競爭優勢。在他的眼中，中國「消費者超有接納力和適應力……在這個方面，中國無與倫比」[28]。

如果西方企業要仿效中國，先決條件是建立一個超有適應力的文化。雖然新創企業有這個特權，可以營造這樣的企業文化，但如果是知名的大公司，就必須放棄根深蒂固的價值觀，意謂著大公司要擺脫過時的思維模型、傳統研發方法，以及重新審視商業模式，甚至要全面放棄。為了效法中國，西方的企業要建立崇尚改革的內部文化，招募志同道合的「公民」，因為這樣的企業會支持（在理想情況下，甚至會獎勵）應變和適應的能力。因此，企業必須換一個方式招募新人，錄取更在乎破壞性成長的人選，淘汰那些不願挑戰常規的人。這可能要改變工作流程，消除系統僵化，甚至把過去對公司有益的策略，全部拿出來檢討。

要改變的事太多了，這不是管理者的責任，而是執行長和商業領袖的事情。說到文化變革，一切都始於高層，然後再滲透到企業的每一個角落。

## 找一個強而有力的理由

如果可以為戰略目標，找一個強而有力的「理由」，就可以用明確、有說服力的動機，引導大家去實現期望的結果。這可以向大家證明，確實有改變工作方式的必要，否則員工就沒有動力透明地共享資訊、同力協作，管理者也沒有動力犧牲資源，來資助規模很小、前途未卜的探索活動。因為管理者面對壓力，往往會守住自己的資源，只顧著推動自己的成果。他們經常忽視未來的威脅，全力衝刺每季的營收，以博取股東的讚許。

雙元能力必須成為企業組織的一部分，也必須是企業認同的一部分。若企業缺乏共同的目標或「理由」，去實現雙元能力，員工很容易故態復萌，回歸過去的行為。雖然這不是中國企業的專利，卻是中國企業的專長，善用簡單明確的「理由」，鼓勵員工投入和奉獻。這有賴企業的最高層，傳達清晰的願景。以字節跳動為例，張一鳴的目標就是顛覆搜尋模式，讓資訊主動找到人。大家都聽過阿里巴巴的領導人馬雲，他的願景是向世界展示中國豐富的出口商品。至於美國的伊隆・馬斯克（Elon Musk），則想要領先全世界，建立第一個火星殖民地。

一個需要改變的企業，若缺乏強而有力的理由，就不可能改變現有的工作模式。除非把這件事變成「非做不可」，否則會變成「應該做的事」、「可以做的事」，或者「我們來試試」。如果是這樣，你的企業會停滯不前，處於過去和未來之間的灰色地帶，不管是什麼使命，都不可能好好實現。對新創企業來說，有一個強而有力的「理由」，等於有成長的跳板，將會影響公司所做的一切。企業要成長，務必先確定一個遠大的「理由」。如果少了這點，企業的發展之路，會走得跌跌撞撞。

## 視情況把握機會

大家在比較中國和西方的企業，經常會提到一個關鍵差異，那就是「中國速度」。這通常意指敏捷製造（manufacturing agility），但其實「中國速度」展現在企業的各個面向，尤其是把握機會的能力。中國企業一有任何想法，總會毫不猶豫，直接部署資源，先試試看有多大潛力，例如立刻組成小型的「祕密研究」團隊，撥出一些資源來探索新機會。這些動態能力（dynamic capabilities）構成中國企業的長期競爭優勢，擅長組合和重組資源，可見營運的靈活性和適應性。西方企業仿效中國時，也必須在自己的組織裡，特別鍛鍊和加強這種能力。

## 串聯各點

西方企業除了要做到雙元管理，還需進一步讓探索與開發的活動，能夠相互流動和交匯。探索／開發的路徑不斷地共享和交流，企業就能串聯這兩條路徑上的各點，刻意在整個企業中，發揮迭代學習的力量。這往往會帶來不一樣的創新，稱為「應用創新」（application innovation），這是中國企業的強項，從現今未充分利用的資產或技術，找到其他有效的創新應用。

中國企業經常有不同的組織結構和行事風格，會盡量共享和交流意見。這些特殊的行事方式，形成獨特的管理策略和商業文化，頗具中國特色，對於創新是一股助力。或許最大的關鍵是，中國企業傾向共享一些高價值的業務流程，而不是低價值的行政流程（如人資或法務）。

探索的能力才是組織的核心，公司內部的所有工作團隊都可以充分運用和發揮，以字節跳動來說，這就是有技術引擎之稱的共享服務平臺。由於專案團隊的規模小，專注於自身的目標，順應各自的需求來發揮探索功能，所以極其靈活。他們可以直接使用現有的技術，或者麻煩共享服務平臺開發全新規格的新技術。至於執行長及企業高層，只關注組織結構和資訊流動，確保企業可以收集各點的數據，並且將各點連接起來，解鎖絕無僅有的創新，發掘令人期待的新應用。從文化來看，資訊是以數據為基礎，開放公司上下取用，廣為分享，並且接受跨部門的審查，因為任何一個數據點，或曾經失敗過的演算法，又或者任一筆用戶資料，都可能在另一個專案團隊激發創新。

小一點的公司同時要掌握探索和開發，就更有挑戰性了，畢竟要兼顧現在和未來，對任何組織來說，都是一項艱鉅的任務，尤其是資源受限的組織。然而，從字節跳動的案例可以看出，這是做得到的。這家世上最有價值的新創企業，曾經在北京的一間公寓實現雙元能力。小公司的成功關鍵，在於掌握好探索和開發的比例（E：E）。探索和開發的平衡很重要，如此一來，才能讓兩種模式持續運轉，而不是犧牲一方，來優先考慮另一方。

只不過，開發通常比探索更直接、更容易理解，也更立竿見影。這對小公司格外誘人，所以開發活動比較受重視，因為企業還很小，通常要關注短期的結果，以換取現金流。此外，小公司還有另一個截然相反但同樣危險的問題，新創企業家往往有遠見和冒險精神，習慣幹大事、搞創新，卻忽視開發的機會。這就是為什麼小公司要重視「E：E」，定期確認、衡量和追蹤 E：E 的比例，以免落入這些陷阱。

## 橫向組織

為了向中國學習，企業結構要盡量水平化，讓員工專心履行各自的職責，以免浪費太多心力在處理複雜的人際關係。這賦予組織橫向的靈活性，讓資源組合和重組變得輕鬆快速，團隊才能夠專心解決當前的問題，把握機會。正如字節跳動的例子，各個團隊負責的範疇可能有一些重疊，但因為這樣，才夠靈活和全方位，從各種不同的觀點出發，把握高潛力的機會。這就是中國商業模式的一大創新：中國的研發偏向「創造」的過程，而西方企業則偏向「發現」的過程。

橫向靈活性，提高中國企業的效率。同樣的成本，中國可以推出多達 20 項創新，而西方同行可能只推出 1

項。[29]既然有那麼多的創新，賭注就不會太高，失敗的成本比較低，對整個組織的影響也較小，只要其中幾項創新有突破，就是企業的大勝利。因此，企業變得更願意嘗試、更願意冒險，盡早推出測試版產品，展開迭代改進，減輕對投資報酬的壓力。正因如此，中國企業更加靈活，更容易掌握機會和價值。

一個水平化的組織具有橫向靈活性，但是在前期通常要多花一些功夫達成共識，協調責任分配。中國經常用目標與關鍵成果（OKR）的系統，推動共識和問責。這不是中國獨有的系統，很多西方企業也在用，例如 Google和亞馬遜，在中國則是字節跳動之類的公司。世界各地的商業領袖都認為，OKR 系統是非常高效的工具，讓更大的企業戰略目標，可以跟員工的日常行動和產出合一，正如俗話所說，「可以測量的，才可以管理。」

在 OKR 系統之下管理策略或營運，等於有一個透明清晰的管理平臺，管理者和基層員工可以平起平坐，共同參與雙元商業模式。

組織內部的所有目標，在每個層級都清晰可見，這有兩個好處，一是幫助每個人朝著相同方向努力，二是顯示哪些團隊可能需要幫助或支援，OKR 系統最主要的貢獻，就是消除孤立的思維。各個團隊看了 OKR 系統，就明白某一個團隊的成果，可能跟另一個團隊的成果有關係，可以加強公司內部的合作，創造更多的流動性，讓有價值的資訊得以流動交匯，最終迎向更多且更好的成果。OKR 系統就好比新創公司的飛輪，時間一久，也會變得更強大、更聰明，也更符合目標。

# 注釋

1.  Clayton M. Christensen, Michael E. Raynor, Rory McDonald, "What is Disruptive Innovation?", *Harvard Business Review Magazine*, December 2015.

2.  Charles O'Reilly, Michael Tushman, *Lead and Disrupt* (California: Stanford Business Books, 2016).

3.  Yujie Xue, "ByteDance Overtakes AntGroup as the World's Most Valuable Unicorn", *South China Morning Post*, December 20, 2021. https://www.scmp.com/business/china-business/article/3160424/bytedance-overtakes-ant-group-worlds-most-valuable-unicorn

4.  Roger Chen and Rui Ma, "How ByteDance Became the World's Most Valuable Startup", *Harvard Business Review*, February 24, 2022.

5.  Nessa Anwar, "What is ByteDance?", CNBC, accessed June 8, 2022. https://www.cnbc.com/2021/11/03/bytedance-founder-zhang-yiming-steps-down-as-chairman-amid-reshuffle.html

6.  Pandaily, "TikTok and Sister App Douyin Exceed 3.3 Billion Downloads Worldwide, Generating Nearly 1000 Related Apps", November 25, 2021. https://pandaily.com/tiktok-and-sister-app-douyin-exceed-3-3-billion-downloads-worldwide-generating-near-1000-related-apps/

7.  Russell Flannery, "TikTok's Zhang Yiming's Fortune More Than Doubles as the App's Global Popularity Grows", *Forbes*, November 3, 2021. https://www.forbes.com/sites/russellflannery/2021/11/03/

tiktoks-zhang-yimings-fortune-more-than-doubles-as-the-apps-global-popularity-grows/?sh=43ef5be23151

8.  Isobel Asher Hamilton, "Sheryl Sandberg Says She Worries About TikTok", *Business Insider*, February 27, 2020. https://www.businessinsider.com/sheryl-sandberg-said-she-worries-about-tiktok-2020-2

9.  Paul R. La Monica, "It's Been a Rough Year for Social Media Stocks. Blame TikTok", CNN Business, June 8, 2022.

10. Manish Singh, "Facebook Shutting Down Lasso, It's TikTok Clone", techcrunch.com, July 2, 2020. https://techcrunch.com/2020/07/01/lasso-facebook-tiktok-shut-down/

11. Michael Brennan, *Attention Factory* (Independently Published, October 10, 2020).

12. Brennan, *Attention Factory*.

13. Brennan, *Attention Factory*.

14. Brennan, *Attention Factory*.

15. Brennan, *Attention Factory*.

16. Brennan, *Attention Factory*.

17. Brennan, *Attention Factory*.

18. Brennan, *Attention Factory*.

19. Brennan, *Attention Factory*.

20. Thomas Graziani, "Douyin, Kuaishou, Bilibili, Red: Where to Promote Your Brand in China Besides WeChat", Jing Daily, May 14, 2020. https://jingdaily.com/posts/douyin-kuaishou-red-bilibili-where-to-promote-your-brand-in-china-besides-wechat

21. Tristan Rose, "How Does TikTok Make Money?", entrepreneur-360.com, April 8, 2022. https://entrepreneur-360.com/how-does-tiktok-make-money-12356

22. Sara Lebow, "TikTok and Douyin Will Account for More Than 5% of Global Digital Ad Spend This Year", *EMarketer.com*, April 13, 2022. https://emarketer.com/content/tiktok-douyin-digital-ad-spend

23. Brennan, *Attention Factory*.

24. Emma Lee, "Douyin Sees Ecommerce Sales More Than Tripled in the Past Year", Technode.com, June 1, 2022. https://technode.com/2022/06/01/douyin-sees-e-commerce-sales-more-than-tripled-in-the-past-year/

25. Chen and Ma, "How ByteDance Became the World's Most Valuable Startup".

26. Chen and Ma, "How ByteDance Became the World's Most Valuable Startup".

27. Chen and Ma, "How ByteDance Became the World's Most Valuable Startup".

28. Zak Dychtwald, "China's New Innovation Advantage", *Harvard Business Review*, May-June 2021 issue.

29. Feng Wan, Peter Williamson, et al. "Antecedents and Implications of Disruptive Innovation: Evidence from China", *Technovation: The International Journal of Technological Innovation, Entrepreneurship and Technology Management*, May 2014 issue.

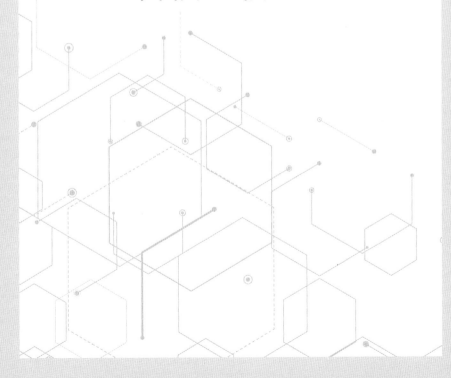

Chapter 4

# 催化因子二：
# 當個造橋人

從發明到普及、成為市場主流，通常有一段時間差。有些創新可能要耗時幾個月，有些創新動輒數年，甚至數十年。例如，雲端儲存技術就是花了六十多年，才被主流市場接受。

　　大家公認雲端儲存是在 1960 年代，由電腦科學家約瑟夫・利克萊德（J.C.R. Licklider）所發明。直到 1980 年代，CompuServe（編按：全球第一家網路服務供應商）才開始提供客戶少量的磁碟空間，來儲存一些個人文件，後來又過了二十年，這項服務仍未普及。到底是什麼原因，妨礙雲端儲存的普及呢？

　　首先，當時個人電腦不普遍。大致來說，需要管理的資訊量，並沒有今天這麼多。紀錄保存、文件和數據大多是紙本，而不是數位的。雖然跨國大公司可能要管理大量資訊，方便同仁取用，但小公司或個人並沒有這種需求。此外，雲端儲存的操作太複雜，不容易取用，唯獨受過訓練的員工才會用。

　　一直等到 2020 年之後，雲端儲存才成為主流應用，但實際推廣仍然有問題，例如世上許多地方的網速不穩定，以及全球對於個人隱私和安全的擔憂。

想要縮短從發明到普及的時間差，有賴賦能創新（enabling innovation）。這樣的創新，圍繞著核心創新，填補從創新誕生到進入主流市場之間的鴻溝。賦能創新就像是橋梁：搭起一座橋，克服任何使用障礙，否則不利於傳播核心的發明或創新。

　　舉一個簡單的例子，十九世紀蒸汽火車的發明，象徵整個社會的運輸能力大有進步。然而，火車只能在鐵軌行駛，還要有司機員操作，以及票務系統和車站來管理乘客與行程。若缺乏賦能的基礎設施和服務創新，使其成為主流的交通方式，就算火車被發明了，對世界的影響力恐怕也不大。

　　最成功的創新者懂得搭建橋梁，加速創新的普及，縮短發明與發揮影響力之間的時間差——這正是中國特別擅長的領域。中國企業領悟到，只有極少數的技術或發明，能夠獨自推動變革；為了把創新擴散出去，企業要主動創造互補資產（complementary asset）來消除障礙，為大規模普及造橋鋪路。

　　中國的企業阿里巴巴正是善用這個策略，加速電子商務的爆炸性增長。「支付寶」數位支付系統，就是一項賦能創新，最後讓電商和數位支付都成為中國日常生活的一部分。

## 阿里巴巴為電商造橋

1995 年馬雲擔任中英翻譯，跟著杭州市政府經濟代表團前往美國，他在那裡見證網路作為商業工具的力量，決定回國之後，好好探索網路的潛力。馬雲希望可以透過網路，跟世界分享中國製造的各種商品。

經過幾次嘗試，1999 年阿里巴巴終於成形了，這是一個企業對企業（B2B）的網站，讓中國的中小企業聯繫國際買家，把商品賣出去。公司名稱的靈感來自於波斯民間故事《一千零一夜》，故事中有一個角色就叫做阿里巴巴。這個故事在國際上廣為人知，因此馬雲相信，取名阿里巴巴能夠讓許多國家的人輕易理解，猶如通關祕語（相當於「芝麻開門」這句話）。打開門，把中國和中國的商品送到全世界。公司標誌採用了阿拉丁神燈的形式，同樣也受到《一千零一夜》的啟發。

1999 年中國網路的普及率，還不到總人口的 1％，相比之下，美國當時的普及率為 36％[1]。馬雲出於必要，選擇了 B2B 的模式。就算是 B2B 賣家，馬雲和公司團隊仍要為這些客戶建立網站，讓他們在 Alibaba.com 擁有一個店面。那些賣家支付約 2,500 美元，在阿里巴巴建立自己的網站，雖然這是一筆大投資，但因為競爭還沒有很激烈，通常只要完成第一筆訂單，就會輕鬆回本了。阿里巴巴成功為中國商品開拓海外市場，消息傳開之後，愈來愈多的賣家加入，阿里巴巴的氣勢也愈來愈旺。

對於許多國際買家來說，直接跟中國的中小企業交易，雖然是一件新鮮事，但是交易的結構，包括付款方式和交易過程，都是他們本來就熟悉的。

在 B2B 的貿易世界，設定了最少訂貨量、批發定價和交易條款，也有固定的採購訂單，以及收到貨物後，三十到九十天內必須用銀行轉帳付款，這些是業界普遍接受的作業方式。因此，買家和賣家之間的交易，完全按照全球 B2B 業務現有的框架，是大家信任的流程和模式。

然而，2003 年馬雲試圖推出淘寶，這是中國版的亞馬遜與 eBay，對中國日常的消費者來說，其實非常陌生。儘管中國的網路使用率正在成長，但當時只有 1% 的中國人口在網路購物。[2]直到 2007 年，中國政府推出首個電子商務發展計畫[3]，這個銷售管道的發展才真正獲得重視。因此，2003 年中國消費者對於網路交易，並沒有任何管道或參考框架，於是馬雲對 B2C 和 C2C 電商的願景受到阻礙。

事實上，二十一世紀初的中國，銀行系統非常簡單。雖然許多中國人擁有銀行儲蓄帳戶，卻缺乏管理現金或快速支付的金融產品，只能仰賴面對面交易。如果要付款，比如支付每月的房租，只能靠銀行轉帳，因為支票和 Visa 金融卡並不存在。此外，也沒有網路銀行，要安排任何交易，都必須親自跑一趟銀行，要麼排隊等候（通常要半天時間），要麼使用銀行內部終端機或 ATM（更快，但不好操作，需要行員協助）。

即使在 2000 年代中期，信用卡在中國依然不普遍，唯獨那些能證明自己有車有房的人，才可以持有信用卡。中國社會也不喜歡借錢買東西，所以信用卡在中國沒有太大前途。債務無論是好是壞，在中國文化都是不被允許的，以致連房貸都不常見。因此，銀行業並沒有意願建立信用卡交易的基礎設施。

除了簡單的面對面現金交易，其他任何交易都極為麻煩。由於缺乏其他的支付方式，如果不在店鋪直接付現，就沒辦法交易了。在銀行和支付方面的鴻溝，對任何潛在的電商企業來說，都是一個巨大的障礙。

無論阿里巴巴或馬雲，對於個人財務或銀行業務，都沒有太大的興趣，也缺乏知識或經驗。阿里巴巴已經是一個成功的全球 B2B 電子商務平臺；然而，要成為面向中國消費者的電商先驅，必須先解決數位支付的問題。消費者無法在網路下單，也沒有意願，因為付款不易，即使透過銀行轉帳，還是擔心收不到貨品。這意味什麼呢？如果馬雲希望淘寶 B2C 企業成功，就必須去推動賦能創新──在消費者和銀行之間搭起一座橋梁。

阿里巴巴創立支付寶，等於成立一家影子銀行。[4]影子銀行是不受監管的金融中介機構，基本上能鼓勵金融系統的信貸制。阿里巴巴跳出來成立影子銀行，它旗下的使用者帳戶，可以直接連結銀行帳戶，成功實現了遠距的銀行交易。每個用戶或店家都有獨特的 QR 碼，支付變得更便利；可以透過簡訊、電子郵件或訊息的管道，以圖像的形式分享，用於即時支付。支付寶也解決缺乏信任的問題，推出了資金托管七天的制度，等到買方確認收到產品，才會付款給賣家。這一些賦能創新，本來是為了拓展阿里巴巴 B2C 電商，後來卻顛覆中國消費者的習慣，點燃整個中國的數位經濟火花。

鑑於中國零售業極度零碎化，如果不是住在一線大城市，通常沒有分店，有許多品牌和產品根本買不到，但支付寶帶動了電子商務成長，大幅消除展店的需求，商家再也不用拚命展店，砸重金建立供應鏈和經銷網路。因此，支付寶帶頭做數位支付的賦能創新，為中國帶來一種新的電商業務模式，讓每一位中國消費者幾乎都買得到商品和服務，無論是住在上海或北京這種大城市，還是位於農村的小村莊。

中國的支付寶和美國的 Apple Pay 都是在 2014 年推出，但中國的數位支付系統迅速發展，徹底把中國變成無現金社會，而美國並未發生這種事。如今，中國在行動支付方面的總支出，至少是世界第一大經濟體美國的五百倍。中國人幾乎不使用現金、信用卡或其他實體交易方式，因為一切支付幾乎都在行動設備上進行，支付寶是主要的廠商。支付寶持續創新，2019 年推出臉部識別支付，用戶可以掃描手機上的 QR 碼，也能直接用人臉輕鬆支付，使數位支付變得更順暢。目前阿里巴巴集團稱霸全球電商銷售，創造出世界上最大的購物日「雙十一」，2021 年銷售額達到 1,390 億美元[5]，相形之下，同年黑色星期五的銷售額，只有區區 90 億美元。[6]

阿里巴巴藉由支付寶這個賦能創新，在中國帶動前所未見的數位消費浪潮，無論速度或規模都很驚人。今天在中國，大約有 10 億網路用戶，每年有近 3,000 萬新用戶加入，比世界三大國美國、印尼和巴西的總人口還多[7]。中國的網路用戶中，有 98％使用手機上網，有 80％曾在網路購物，其中 72％會使用數位支付。[8]支付寶目前在全球 10 個國家，擁有 13 億活躍用戶，反觀 Apple Pay 在全球 70 多個國家，大約只有 5 億活躍用戶。[9]

## 社交電商

中國的社交電商蓬勃發展，發展速度之快，在世界其他地方前所未見，預計到 2023 年會達到 4,750 億美元，占中國電商總銷售的 14％以上——這比美國社交電商銷售的規模大了十五倍。[10]這種不成比例的增長，祕訣在於一種特殊的商業模式，它運用賦能創新來造橋，創造真正零阻力的購物體驗。中國的科技公司利用現有的創新，例如電子商務功能、直播和團購，並結合旗下的社交媒體，創造出全新且令人陶醉的娛樂購物宇宙。

西方社交電商的核心，由賣家和供應方主導，透過社交網絡來販售商品[11]，換句話說，社交網絡有雙重功能，一是讓朋友們社交互動，二是讓品牌和賣家有一個平臺，方便部署廣告，持續推送產品的訊息和內容，影響潛在消費者的購買決策。購買行為通常發生在外部網站，因此，消費者必須採取幾個關鍵動作──消費者要從社交網絡點擊連結，前往購物網站，然後瀏覽網站，找到想要的商品，再把商品放到購物車，輸入自己的運送、帳單和支付詳細資訊，最後點擊購買。

中國社交電商創造新的模式，由買家和需求方主導，直接在社交群組販售。[12]應用程式會聚集消費者，但不依賴個人的人脈或連結。反之，應用程式的主要吸引力，是針對特定目標受眾及其興趣，展示資訊類和娛樂類的內容，例如時尚與美容、新聞與資訊等。這樣打中的消費者群體，剛好對品牌和賣家來說特別有潛力，而且極度聚焦。個人申請帳號，可以相互交流，也可以選擇不交流，只不過，如果有社交連結，使用體驗會更好。賦能創新把電商嵌入社交中，透過直播銷售等動態功能，直接將消費者帶到賣家面前，營造出完全零阻力的購物用戶體驗。這種體驗通常像在玩遊戲，對消費者來說，既是娛樂，又有社群交流。只要在社交應用程式點擊，即可完成購物行為，有時候甚至只點擊兩次，第一次是點擊所需的商品，第二次是點擊授權 App 內支付。雖然應用程式會投放廣告營利，但主要的商業模式是從電商銷售抽佣，如果是名人和網紅主持的直播銷售活動，熱度更是驚人。

小紅書是中國成長最快的社交電商應用程式，主打 18 至 35 歲的年輕女性，專注於時尚、美容和生活方式。小紅書成立於 2013 年，在英文世界中，以簡稱 RED 聞名。小紅書看似是 Instagram、Pinterest 與亞馬遜的融合，但根據官方網站，小紅書自詡為生活方式的分享平臺，它以用戶製作的內容為主，可社交、購物，是一個以影片為導向的內容平臺。小紅書之所以聲名大噪，是因為創造了「種草」[13]的體驗。「種草」是中國的網絡俚語，意思是看到別人擁有某一個產品，自己也想擁有的錯失恐懼症（FOMO）。經過研究證明，種草確實有利可圖。截至

2021 年 11 月，小紅書的市場估值達到 200 億美元，有 3 億註冊用戶，每月活躍用戶為 1 億[14]，相當於海尼根啤酒或豐田汽車在全球的規模[15]。

小紅書上面的內容，混合各種迷人的圖像。這些圖像彷彿是從時尚雜誌的頁面跳出來，還有一些來自用戶和品牌的動態短片，看了會上癮，徹底實現從內容到購買的零阻力整合，為用戶創造難以抗拒的購物體驗。其中，直播創造最高的銷售量，利潤最好，屬於小紅書所謂「內容到商業」[16]的系統，這本身就是賦能創新，讓品牌與消費者直接連結，管理與消費者的行銷業務關係。直播商業功能特別吸引人，而且互動性強，善用從「線上分享」到「社群互動」的封閉循環，一方面能推廣品牌及其產品，另一方面搭起通往消費的橋梁，兼具高轉換率、高重購率、高客戶訂單量、低產品退貨率的特性。[17]LV、紀梵希（Givenchy）、Gucci 和 Tiffany 等全球奢侈品牌，也深受小紅書上屬於 Z 世代且富裕的女性用戶群吸引，因此互相爭奪黃金直播時段。

## 如何輸出這個催化因子

　　大家可以效法中國，主動搭建橋梁，從商業展開賦能創新，縮短發明與普及之間的差距。在過去，中國造橋的行動通常是逼不得已，否則經濟與社會條件不足，創新便難以推廣和應用。然而，這套原則也適用於全球各地，方便大家實現中國式創新，就連最先進的經濟體，也可以藉此成功轉型。如此一來，就不會抱怨「時機未到」，而是設法用賦能創新，主動創造條件。

## 找出差距

　　創新人士希望縮短從發明到普及之間的差距，盡可能讓更多人使用，並且盡快實現。中國創新者是如何發現差距，並且縮小差距，甚至將潛在阻礙轉為加速成長的工具，非常值得大家效法。

　　需要造橋的地方，往往跟創新無關，看在一些商業領袖的眼裡，可能認為這個差距未免太大了，那是「別人的問題」，或者跟企業的核心能力沒關係。然而，縮小這些差距，不只是改革社會，也是為創建者創造長期的競爭優勢。大家看到阻礙，總以為跟創新無關，不是創新人士的職責範圍，於是就覺得「這不是我的問題」，但是縮短差距，造橋加速普及，以發揮創新的影響力，確實值得大家去做。

首先，企業要認清有哪些差距，可能會限制或妨礙普及、增長。對創新和產業周邊的生態系統，進行稽核和勘測，界定這些差距，查看關聯及聯繫，找出可能會影響創新的任何因素，這些因素包括社會、法規、政府、政策、社群、社運人士、媒體、供應商或環保等。等到你對生態系統有了基本的概念，就可以確認哪些行動者、機構或政策，對產業成長特別有幫助，或特別不利。目前這些行動者有沒有增設基礎設施，或者創造支持條件，讓創新更容易普及和發展呢？有沒有可能說服他們這麼做？貴公司要不要主動縮短創新的差距，發動賦能創新，來減少延遲？

說到阿里巴巴的例子，銀行業無意發展無現金支付，顯然也不是政府或產業的優先發展目標。如果阿里巴巴不跨足數位支付技術，電子商務在中國就不會如此迅速地成長，所延遲的時間恐怕是數十年，而不是數年了。

至於中國的社交電商，所謂的縮小差距，則是建立全新高效的經營模式，直接在內容進行銷售（content-to-commerce），這種經營模式善用現有技術，改進消費者的購物體驗，實現全新的動態商業模式。而阿里巴巴和支付寶屬於新發明，但社交電商並非如此，而是跨越社交和電商兩個領域，勘查有哪一些可用的工具和技術，重新組合之後，形成新的整體，潛力遠大於兩者的總和。

## 推出測試版

推出測試版，俗稱「推出並學習」。產品完成率還只有 70 至 80%的時候，就開放一小群用戶使用，以獲取寶貴的經驗，進行必要調整，等到更完善，再全面上市。真實的用戶會提供寶貴的意見，因為創作和開發過程中有太多的假設，讓這些假設有機會接受現實的考驗。

推出測試版是提早測試產品，確認有沒有滿足客戶的基本需求，最後讓你的解決方案順利運行，並且解決任何使用者的問題。此外，也可以發現差距和阻礙，確認有哪些潛在因素，可能妨礙創新推展──雖然在更早之前，早已評估過生態系統和差距，但提早測試產品，仍會獲得新的洞見。

## 利用市場策略和非市場策略

等到生態系統和差距（或潛在的阻礙）都評估完畢，現在該來構思必要的行動或賦能創新，以便搭建橋梁，擴大影響力。而這些行動會奠定非市場策略的基礎。

中國企業領悟到，非市場策略至關重要，可以發揮更大的影響力。成功的中國創新人士為了搭建橋梁，加速業務成長，懂得結合市場和非市場策略，而非傻傻地執行市場策略（即企業目前的貿易管道中，與供應商和競爭對手相關的核心活動）。

從古至今，中國的社會和經濟發展經常面臨差距，因此中國的企業天生就擅長融合市場和非市場策略。以阿里巴巴為例，當時中國缺乏非現金支付的選項，不利線上交易，阿里巴巴不得不成立數位影子銀行，解決支付問題，否則阿里巴巴和電子商務都無法在中國蓬勃發展。

然而，世界其他地方往往忽視非市場策略，以為它們超出企業的基本職責範圍。但中國企業知道，這才是最適合搭橋的空間，也是加速成長的沃土，因為中國企業深思熟慮，對企業或創新所在的生態系統有通盤的理解。找出可能妨礙成長的因素，解決社會、法規、政府、政策、社區、社運人士、媒體、供應商和環境等問題，就可以推動和影響產業發展。此外，當企業想出解決方案，為社會創造更多的價值，這些解決方案通常從一開始，就會為創造者帶來不成比例的回報，樹立長期的競爭優勢[18]。

為了仿效中國，必須把企業看成社會和政治的組織，也要把非市場策略看得跟市場策略一樣重要。因為非市場策略攸關產業、社會和經濟的發展。研擬非市場策略時，要探討下列幾個領域和問題：

- 有沒有可能改變或影響法規環境？假設你專門製造藥品，而你的藥品被列為處方藥，你能否透過遊說或改變法規環境，讓政府將它重新歸類為非處方藥品，走出一條更簡單快速的市場途徑。
- 基礎設施不足或政府會不會妨礙普及，有沒有可能透過賦能創新來化解？假如你在電動車領域，而充電站不足，會降低購買意願，你能不能跟政府合作，改造幾個重點區域的公共停車場，為消費者搭建橋梁？
- 如果有社區表達疑慮，你有能力擺平嗎？假設你開了一間無人駕駛載具公司（包括汽車或無人機），有公共安

全的疑慮，你們能不能跟社區合作，找到大家都可以接
受的用途或運行範圍？

- 媒體、甚至社運人士能不能幫助你達成使命？假設你專
門研發創新蔬食，能不能藉著目前的健康話題，建立有
說服力的行為改變典範，由你們公司主導討論方向？

# 注釋

1. World Bank historical data, accessed July 20, 2022. https://data. worldbank.org/indicator/IT.NET.USER.ZS?locations=CN

2. Julie Wulf, "Alibaba Group", *Harvard Business School Case Study*, April 26, 2010.

3. Xinhua News Press Release, "20 Years of the Internet in China", April 20, 2014. http://www.china.org.cn/business/2014-04/20/content_32150035.htm

4. Sara Tsu, "The Rise and Fall of Shadow Banking in China", *The Diplomat*, November 19, 2015.

5. Arjun Kharpal, "China Singles Day 2021, Record Sales", cnbc.com, November 11, 2021. https://www.cnbc.com/2021/11/12/china-singles-day-2021-alibaba-jd-hit-record-139-billion-of-sales.html

6. Ashley Capoot, "Black Friday Sales top $9B in New Record", cnbc. com, November 26, 2021.

7. HSBC Global Market Reports, "Five Reasons why China is Dominating E-commerce", 2018.

8. HSBC Global Market Reports, "Five Reasons".

9. Rita Liao, "Jack Ma's Fintech Giant Tops 1.3 Billion Users Globally", techcrunch.com, July 15, 2020. https://techcrunch.com/2020/07/14/ant-alibaba-1-3-billion-users/

10. Jason Davis, "Social Commerce: How Pinduoduo and Instagram Challenge Alibaba and Amazon in Ecommerce", INSEAD Case Study, 2020.

11. Davis, "Social Commerce".

12. Davis, "Social Commerce".

13. Zihao Liu, "Is Xiaohongshu Losing Steam?" *Jing Daily*, January 4, 2022. https://jingdaily.com/posts/is-xiaohongshu-losing-steam

14. News Wire "China's Xiaohongshu raises $500 mln, valuation hits $20 bln",*Reuters*, November 8, 2021.

15. Forbes Global 2000 List, *Forbes*, accessed July 23, 2022. https://www.forbes.com/lists/global2000

16. Xiao Hong Shu Press Room, "Our New Content to Commerce System", September 10, 2021. https://www.xiaohongshu.com/en/newsroom/detail/empowering-small-businesses-with-our-new-content-to-commerce-system

17. Xiao Hong Shu Press Room, "Our New Content to Commerce System".

18. David Bach and David Bruce Allen, "What Every CEO Needs to Know About Non Market Strategy", *MIT Sloan Management Review Magazine*, Spring 2010 Edition.

Chapter 5

# 催化因子三：
# 像未來主義者
# 一樣思考

如果你在十九世紀末，詢問某人什麼是理想的交通工具，他可能會回答一款更好駕馭的馬車；而不會提到汽車。通常消費者說不出尚未滿足的需求，也無法想像新的未來、產品或服務。他們只能想像現有的選項，猜測該如何改進或修改。

保羅・傑洛斯基（Paul Geroski）的著作《新市場的演化》（*The Evolution of New Markets*），為大家提供解答。消費者說不出來，是因為「需求尚未成形」。傑洛斯基這樣解釋：很可惜，當今的市場需求「不夠具體，並無法提供創新人士精確的指導。」[1]因此，新產品和新技術的難處，在於民眾不知道自己有購買的需要或欲望。

現在這個世界，我們強烈主張必須聽消費者的意見，並且基於消費者的反饋，創作以用戶為本的設計。雖然這是創新的沃土，但我們也必須承認，願景思維（visionary thinking）的影響力不容小覷。西方的傑出遠見家，如伊隆・馬斯克、傑夫・貝佐斯（Jeff Bezos）及已故的史蒂夫・賈伯斯，都曾經大膽想像未來的世界和社會。

然而，這些遠見家是少數的例外。大多數企業在決策、迭代和創新，仍仰賴現在和過去的資訊，以及成本高昂且耗時的市場研究。有許多產業仍斥資數億美元，詢問消費者想要什麼——在消費品產業，有高達 10％的年銷售營收，用來獲取市場數據和研究。不幸的是，新市場或破壞性價值創造的基礎，通常不是基於消費者的渴望。如果企業採用這種策略，會一直追求短期收益，無法進行長遠的創新，也就無法保持競爭力，更別說領先同業了。

中國的市場研究、分析和數據，歷來都很分散、成本高昂，也不可靠，因此中國企業從未仰賴市場研究，來洞悉市場的需求。此外，中國重新對世界開放之後，在某些層面上，不可以再回顧過去，而是要尋找前進的道路，因為過去那幾十年，創新寥寥無幾。於是，中國的社會和企業不管處於什麼產業，無論企業規模大小，都必須像未來主義者一樣思考和行動。

大多數的中國企業不是靠歷史藍圖求成，而是想像全新的未來。這背後的驅動力，包括大膽做夢的精神，以及專心為消費者和社會解決問題，從而創造新的現實，還有挑戰現有產品或商業模式的主流設計。如此大膽、有遠見的思維，正在中國各個產業上演，從最普通的日常消費品到精密的科技產業，該思維的漣漪效應將席捲全球。這些在中國誕生的非常規手法和商業模式，的確有本事走向世界，也確實在全球流傳開來，最終會震撼西方的產業。

此外，這套思維也可能流傳到發展中市場，因為中國正在這些地方，提供基礎設施建設、金援和經濟投資，例如非洲大陸，還有越南、柬埔寨和寮國等東南亞發展中國家，以及巴基斯坦和孟加拉等印度次大陸國家。想像一下，這些國家目前的發展，仍遠遠落後於歐盟和美國，以及亞洲一些繁榮的國家（如新加坡和韓國），但未來憑藉中國的思維和投資，有可能超越西方。

## 無人機的未來

大疆創新是一家深圳的無人機公司，2006 年創立至今，當時創辦人汪滔還在念大學。大疆創新有一句口號是「大疆無限」，道盡汪滔的雄心壯志，意味著大疆創新的夢想和願景大到無邊無際。如今，大疆創新是無人機領域的全球龍頭，2021 年在這個價值 400 億美元的產業，爭取到 70％以上的市占率；複合年均成長率超過 20％，預計到了 2025 年，市值會達到 650 億美元。[2]由此可見，這是成長潛力高的產業，滲透率相對較低，令人趨之若鶩，有許多廠商爭相進駐，大家都想好好把握市場潛力。然而，在過去十到十五年，無論是美國或歐盟的廠商，都無法趕上大疆創新，有許多公司在途中倒閉了。大疆創新到底有什麼成功的祕訣，讓它與眾不同？

如同其他科技公司，大疆創新是由主修科學和科技的學生創立。汪滔是浙江人，當時在香港科技大學攻讀工程研究所，他決定追求自己的夢想。從小他就迷上遙控飛機和模型飛機。16 歲那一年，因為考試取得高分，父母買了一架遙控直升機獎勵他。只可惜，這架直升機首次飛行就墜毀，他失望不已，後來等了好幾個月，好不容易才從香港買來替換零件。[3]他長大以後，便夢想打造一架飛機，可以陪著他搭火車或徒步旅行，從高空用鳥瞰的視角，拍攝他的旅途。最重要的是，這架飛機不會墜毀——當時遙控飛機的愛好者最擔心失事率高，一來飛行過程不穩定，二來會威脅旁觀者的安全。

汪滔從香港的宿舍起家，後來在深圳成立小辦公室，這樣距離深圳製造商比較近，製作原型也比較快。他跟幾個同學一起，開始製造無人機的零件，例如飛行控制器和雲臺，供貨給無人機製造商，讓無人機飛行更穩定。他們有一個遠大的目標，就是推出大疆創新自己的平價無人機，而且鎖定像汪滔這樣的業餘愛好者，一開箱就可以飛。這樣的「科技玩具」當時並不存在。大多數無人機價格昂貴（超過 3,000 美元），而且技術性強，需要一定程度的組裝和操控能力，由此可見一般的無人機買家不是個人，通常是大型機構——以警察或軍隊為主——用無人機進行監控。

汪滔的夢想在 2013 年實現，大疆創新推出 Phantom 1 四軸飛行器，售價 700 美元，開箱即可使用，能夠連續飛行 10 分鐘。雖然沒有內建攝影機，但可以安裝外部攝影機，只是拍出來的影像有些搖晃。同年又推出 Phantom 2，可連續飛行 20 分鐘，飛行範圍為 300 公尺，並內建集成攝影機，能拍攝高品質的高畫質照片和影片，但還是容易晃動，需要再改進。2014 年初，Phantom 2 Vision+配備全穩定雲臺系統，解決這個問題，飛行時間還增加到 25 分鐘，飛行範圍也增至 700 公尺，實際飛行起來穩定平順，終於可以拍攝動態創意影像。Phantom 2 Vision+堪稱最先進、易於操作、經濟實惠和可靠的無人機，拍攝品質卓越，讓大家重新想像無人機的功能和用途。第一年，大疆創新的銷售額達到 5 億美元。[4]到了 2015 年甚至翻倍，達到 10 億美元。[5]

大疆創新在無人機技術上的突破，令歐美人士期待不已。像亞馬遜和 DHL 這樣的公司，希望用這項技術進行物流和配送，並且開始測試無人機，確認如何安全部署。然而，這要應用在大城市，風險依然很高——有太多的飛行障礙，加上人口稠密，一旦有任何失誤、包裹掉落或墜機，後果不堪設想，可能會導致嚴重的人身傷害。後來，航管機構決定監管無人機飛行，規定操作員必須通過認證，並且建立全新的責任和保險類別。讓無人機穩定送貨，絕對是一門大工程，報酬自然也很高，但仍有漫漫長路要走，必須先克服法規和安全的問題。

不過，汪滔對這項技術的願景，與大家想像的不一樣。回顧科技發展史，極少數公司的產品或設備能從小眾躍升主流，爭取到莫大的市占率，汪滔卻有這種雄心壯志。汪滔相信，只要進一步降低成本，為特定產業開發各種機型，尤其在人煙稀少地區飛行的產業，風險比較低，他的願景就有可能實現。大疆創新涉足了營建業（包括遙控建築檢查、遙控土地勘測）、影片製作產業（用於航空攝影和電影拍攝）、農業應用（用於灌溉、噴塵和監測）、救災（包括救援評估和支援）等。這些行業採用無人機，確實會提高效率和降低成本，否則要仰賴人工或昂貴的機器和飛機。由此可見，大疆創新不只針對專業消費者推廣，也針對業餘愛好者，因為這些人購買新型號的速度，就跟大疆創新推新品的速度一樣快。如今有無人機賽事和封閉賽道賽事，甚至有世界無人機競速錦標賽。大疆創新擁有自己的零售體驗中心，消費者不僅可以購買無人機和相關設備，也能親身體驗測試最新的型號，考慮升級或者添購小配件，來提升無人機使用體驗，還可以親眼觀看經驗豐富的飛行員，如何在封閉的風洞操作無人機。大疆創新成功擄獲海外的業餘愛好者，讓自家產品成為「科技玩具」，一部分是因為與蘋果戰略合作，把產品引進到蘋果門市販售──這意味著歐美的蘋果用戶和科技愛好者看到的第一架無人機，很可能就是大疆創新的產品。

當其他競爭對手和產業瞄準更複雜的用途，例如受到法規束縛的物流和軍用，汪滔已經在建立市場主導地位，讓無人機應用在任何地方，他熟練地探索各個領域，讓無人機能夠蓬勃發展。為了加強使用體驗，大疆把原本就容易操作的軟體變得更簡單，並且調降無人機售價。大疆創新還有一個 SkyPixel 平臺，讓業餘愛好者分享照片和影片，互相交流技巧。SkyPixel 也會舉辦年度攝影比賽，獎品總額高達 10 萬美元。目前大疆 Mavic 系列無人機售價低至 329 美元，有些型號非常輕盈，甚至不必向航管局登記，卻能夠以時速 68.4 公里飛行，享受 34 分鐘的連續飛行時間，並且捕捉 HDR 影像，包括慢動作影片、全景照片和影片。

汪滔終於實現自己心中的未來，距離他推出第一架無人機，只有四年的時間。大疆創新成為中國第一家引領全球技術革命的企業，雖然是私營企業，但 2018 年分析師估計，市值達到 150 億美元。[6]2014 年，全球最大的創投公司紅杉資本（Sequoia Capital），在大疆創新投資 3,000 萬美元，當時大疆創新的估值僅為 16 億美元。[7]大疆創新「無人機未來」的現象席捲了全球——中國市場僅占全球年銷售總額的 20％。換言之，大疆創新的全球銷售總額，主要是中國以外的地區所貢獻。北美、歐洲和亞洲（包括中國）分別各占銷售額的 30％，其餘 10％來自南美和非洲。[8]大疆創新確實面臨歐美的反中情緒和安全疑慮，於是它鎖定亞洲、南美和非洲這些尚未出現指數增長的市場。全球無人機市場至 2025 年，預計有 22%的成長率[9]，其中大部分成長來自發展中經濟體，無人機使用方便，成本效益高，適用於農業、基礎設施開發和營建業。

## 新式茶飲

2022 年中國茶葉市場的年銷售額，超過 1,000 億美元；中國是全球最大的茶葉市場，年成長率為 12.4%。[10] 從另一個角度來看，這個市場是美國糖業的兩倍大[11]；從商業規模來比較，中國茶葉產業比 Facebook（屬於 Meta 集團）還要大，但略小於 2021 年《財星雜誌》世界 500 強的通用汽車（General Motors）。

茶，是中國文化的一部分。雖然星巴克等企業把咖啡引進中國，至少讓兩代中國人接觸到咖啡飲品和文化，但在中國人日常生活中，茶依然是主流。即使中國在過去三十年發生了巨變，茶在中國文化的地位屹立不搖，至今不變，一想到茶葉，中國人就感到舒適和熟悉。

直到 2012 年，喜茶這個品牌在中國問世，情況有所改變。喜茶成立頭三年，全中國只有一家店面，2015 年開始展店，如今在中國共有 650 家門市。喜茶所販賣的商品，就稱為「新式茶飲」。喜茶把喝茶這件事，從家裡和傳統茶館的日常儀式，變成現代的生活方式品牌，更偏向時尚品牌，而不僅僅是食品或飲料品牌。喜茶經常開在高級購物區，店門口大排長龍，顧客們為了品嘗他們的茶，願意排隊 6 小時，自拍打發時間。

喜茶的店面展現未來主義和極簡風，裝潢以白色為主，搭配天然的淺色木材，內用座位有限，因為大部分訂單都是外帶。店內和包裝上的商標十分顯眼，是一個手繪的卡通插圖，有個人拿著大杯子喝茶，有別於自古以來，用小杯子喝茶的傳統。品牌取名為「HeyTea」，比中文字顯眼得多，可見喜茶有國際視角。而喜茶的產品極為創新和原創，在中國誕生，為中國而生。最暢銷的產品莫過於起司茗茶（這種冷茶添加了起司奶泡），有鹹甜兩種版本；它的珍珠奶茶和水果茶，也很受歡迎。喜茶的產品都是高價位，售價介於 25 至 35 人民幣之間（大約 3.5 至 5 美元），比其他現成的飲料貴三到四倍，與其他高價位的現代茶館相比也貴上兩倍。

喜茶的包裝獨特，十分顯眼。透明的杯子，讓茶色一覽無遺，為商標提供吸睛的背景。下午拿著一杯喜茶漫步，在中國的社交媒體上，具有社交貨幣的象徵價值。喜茶其實是網紅品牌；「網紅」的意思是網路名人。所謂的網紅品牌，就是在網路發布時尚影像等內容，這樣的品牌經營模式，在運動和時尚品牌更為常見，而不是茶館。喜茶進一步加強社交體驗，舉辦尋寶競賽活動，鼓勵民眾去特定分店或城市尋找限量新品。

　　喜茶有另一個特點，就是經常舉辦聯名推廣活動，這些活動涵蓋時尚消費者各個生活層面——從強調時尚的化妝品和服裝，到注重娛樂的立體聲音響、電子產品和麻將套裝，甚至推出一系列的保險套。喜茶針對各個城市的特殊產品和商品，令人難以抗拒，成功吸引當地消費者，喜茶也與廣州 W 酒店，以及首都北京的品牌進行聯名。這些收藏品的靈感無疑來自星巴克的城市杯，但喜茶更偏向購物袋、雨傘、手機殼等物品，所以更適合年輕的消費者，而且重要的是，可以外出使用，能進一步推廣品牌。

　　喜茶還推出 Hey Tea Go 手機應用程式，解決排隊和等候的問題，方便顧客預訂、取貨和無現金數位支付。這款應用程式不僅提升便利性，也巧妙跟社交媒體連結，消費者可以向追蹤者「宣布」正在喜茶消費，或者正在喝喜茶。該應用程式在 2017 年推出，不到六個月就累積 400 萬用戶，回購率為 300％，每日活躍用戶達到 17 萬人。[12] 截至 2020 年，Hey Tea Go 擁有 1,000 萬用戶，貢獻超過一半的銷售額。[13]

該應用程式進一步升級，推出付費會員方案，年費 179 人民幣起（大約 26 美元）。會員可以拿到大量的優惠券和禮券，這會刺激購買，因為要回本，會員的消費必須超出年費才行。用戶每一項體驗，都像玩遊戲一樣，當消費金額越大，可以解鎖新的會員等級，獲得 VIP 快速通關、買一送一優惠券、雙倍積分、生日禮等禮遇。

喜茶提供數位化的參與和購買管道，滿足現代消費者對零阻力生活的要求，從產品開發角度來看，這也是理解消費者的必要工具。如果口味都不變，消費者很容易厭倦，因為大家渴望嘗試新產品。這個應用程式剛好會產生大量的數據和分析，讓喜茶打造令人期待的新產品，並且善用聯名來縮短產品開發時間，從一般的六個月縮短到區區三個月，為消費者提供幾乎無窮無盡的多元產品，讓整個產品和品牌的體驗，變得更愉悅且有吸引力。

在疫情期間，喜茶調整旗下的服務，新增零接觸配送，增設了一些置物櫃，讓消費者用代碼開啟並取走飲品。消費者礙於疫情，無法到喜茶咖啡廳實體體驗，於是喜茶在中國社交媒體平臺抖音上，特別推出一些活動，提升每日活躍用戶，例如「畫一杯喜茶」主題活動。光是一則貼文，就獲得 170 萬個讚，還成為抖音最受歡迎的主題標籤（hashtag）。[14]喜茶透過持續創新，原創的產品和口味，偏向生活方式的品牌經營，有別於主打快速服務的咖啡館體驗，以及喜茶遊戲化的應用程式，正在推動中國茶的未來。

中國最賺錢的喜茶分店，平均每天賣出 3,000 杯茶，每日報酬為 10 萬人民幣（約 15,000 美元）。[15]2021 年 6 月，喜茶的估值達到 92.7 億美元，投資人不乏強大的創投公司，包括騰訊和紅杉資本。[16]提供大家參考，喜茶的估值比美國連鎖品牌 Dunkin' Donuts 還要高，後者在全球 42 個國家經營超過 14,000 家分店。[17]喜茶最近已經跨出中國，在香港展店，並在新加坡和馬來西亞設點。

## 新型態的網紅

　　在全球各地，關鍵意見領袖（KOL）逐漸成為許多品牌和企業行銷主力。KOL 可以是時尚、烹飪、健康和幸福等主題的專家，或有影響力的思想領袖，也涉及投資、企業轉型和創新等比較嚴肅的領域。這些人通常有撼動市場的力量，懂得善用自己龐大的社群媒體追蹤者。由於他們的力量和影響力，有些貼文一篇就可以收費 50 萬美元，例如擁有 1.77 億粉絲的美國名人金・卡戴珊（Kim Kardashian）。中國知名網紅李佳琦，被稱為「口紅王」，在阿里巴巴的雙十一直播中，不到 12 小時，就賣出 17 億美元的化妝品，吸引了 2.5 億觀看量。[18]另一位頂尖網紅薇婭，也在雙十一購物季，連續直播 14 小時，售出 12.5 億美元的產品。[19]網紅可以創造巨額的銷售，但聘請他們的成本也很高，畢竟一分錢一分貨，中國網紅的收費標準通常與好萊塢一線明星差不多，價碼動輒要六位數。

　　網紅顯然也有缺點，畢竟網紅也是凡人。封殺文化（Cancel culture）遍及世界各地，中國尤其嚴重，就連政府也積極參與。2022 年 3 月，中國迷人的知名演員鄧倫，因逃漏稅遭罰款 1.06 億人民幣（1670 萬美元），他的社群媒體帳號擁有 6,000 萬追蹤者，慘遭中國政府清除。[20]跨國公司如聯合利華、歐萊雅，以及中國本土公司如家電廠商小米、乳製品公司君樂寶，一得知鄧倫利用虛構交易，隱瞞個人的真實收入，隨即終止與他的合約。前面提過的直播主薇婭，在 2021 年也因為逃漏稅，遭罰款 13.4 億人民幣（2.1 億美元）。[21]這類的例子不勝枚舉，有太多名人因為醜聞、強暴、非法行為（不符合中國文化規範）而遭到封殺。

正因如此及其他許多原因，中國正在創造虛擬網紅。想像有一位網紅令人極度嚮往，兼具理想的美貌和形象，而且形象可任由品牌或行銷機構策劃。多虧先進的動畫和人工智慧技術，虛擬網紅看起來就跟真人無異，不同的是，他們永遠不會變老、變胖、爆發醜聞，或者做出令品牌不滿的言行。品牌只要支付創作成本，卻不用支付過高的代言費或人才版稅，更何況虛擬網紅可以每天工作 24 小時，沒必要休息，也可以同時在各地亮相。這些虛擬偶像總是有完美的肌膚，隨時面帶微笑，眼中閃爍著光芒，正迅速成為價值數十億美元的產業。虛擬網紅還有另一個主要優勢，就是能夠與每一位消費者互動，從中收集數據——這對品牌和企業來說，無疑是一座數據金礦。

對品牌和消費者來說，虛擬名人的吸引力，不只是節省成本、收集數據的潛力和完美無瑕。虛擬名人也象徵品牌的前瞻性、高科技，就算他們銷售的產品很簡單，例如冰淇淋。即使過分完美，看起來不貼近人心，但根據中國消費者報告，這正是虛擬偶像的吸引力所在。一位 30 多歲的女性消費者接受採訪，談到她最喜歡的虛擬網紅「翎 Ling」，Ling 完美的 AI 身分，「舉手投足都很美」，「宛如移動的藝術品」，正因為 Ling 如此無瑕，她只會單純欣賞，而不會拿自己與 Ling 比較。[22]

社群媒體一直要創造新內容，總會面臨瓶頸，但如今不再受制於網紅或名人，省略了選角、拍攝和編輯，還可以全天候生成精心策劃的內容，搭配引人注目、令人嚮往的虛擬網紅，也難怪中國虛擬網紅的業務價值，高達 9.6 億美元，並且年增長率達到 70%。[23]

## 如何輸出這個催化因子

無論是在高科技領域，或是日常消費品產業，都可以善用未來主義的思維，效法中國企業，催化指數型增長。

## 挑戰主流設計

每個產業無論歷史多悠久，都可能淪為被顛覆的對象。顛覆有一個關鍵原則，那就是挑戰主流設計。所謂的主流設計，就是產業普遍採納的形式或設計，已經成為行業的標準。例如，汽車有四個輪子、網路依賴有線的撥接、MBA 教育必須在教室授課，或者烈酒總含有酒精。以上這些例子，都是已被顛覆的主流設計。

以中國的喜茶為例，茶葉的主流設計莫過於熱飲，而且只喝純粹的茶，一般會在家中或傳統茶館飲用。雖然早就有一些花俏的茶飲，例如便宜的珍珠奶茶在年輕人之間很流行，但喜茶特殊的經營模式，將新式茶飲想像成一種體驗性的享受，融合了飲料、美食小吃和甜點的世界，並通過數位轉型、時尚店面和經典品牌標誌，來開啟新的茶世界，一舉成為消費者手中的社會地位象徵。大疆創新挑戰了無人機的主流設計，以前說到無人機，勢必會有複雜的裝備，有賴專家組裝，由經驗豐富的飛行員操作，而大疆創新對新式飛行的想像，是一款簡化的無人飛行載具（UAV），可以當成科技玩具使用，任何人只要從包裝盒取出來，就可以直接操作。至於網紅，主流設計是令人嚮往的名人，在社群媒體擁有大批粉絲，經過中國重新想像之後，虛擬偶像便誕生了，有精心安排的人格設定及策劃內容。

你或你所在的行業，有什麼不容改變的假設嗎？你真的確定這些假設不能逐步修改、改進或改變，甚至創造全新的性能？重新定義主流的設計，關鍵在於找到核心假設，然後勇於挑戰，走出全新的性能軌跡，顛覆現有產業，進而開啟創新的新機會。這是在創造全新的價值，而不是暫時的漸進式創新，所以完全拋棄既有的性能標準。

為了效法中國企業，必須一再地顛覆主流設計，一來會加快開發的速度，二來可以做測試，從最終用戶獲得寶貴經驗，對於創造新事物特別有幫助。途中的失敗和失誤，透露了重要的訊息，讓企業得知主流設計中，什麼是可以改變和挑戰，而不可更改的又是什麼。沒有人能夠完美預測未來，一旦未來主義者下錯了賭注，就必須勇敢承認，以免受陷於願景或目光短淺，如此一來，才不會忽視矛盾的相關訊息。因為，比失敗更重要的是企業如何因應失敗，以及如何學到寶貴教訓，然後經由改進，重新定義未來的新道路。在中國，即使企業跌跤了，不用承受過度的汙名，失敗是給企業一個機會，去練習適應變化，去回應新的資訊，同時鍛鍊企業調整長期戰略的能力。

## 善用三大視角：洞察力、跨視角、前瞻性

正如傑洛斯基所言，需求尚未成形。需求是消費者的需要和期望，這些都只是基於現有的產品，從當下的體驗和期望塑造而成。因此，很多企業都做錯了，消費者的需求本身並無法幫忙定義新的未來。反之，要想像新的未來，不妨善用三種視角，包括洞察力（insight）、跨視角（cross-sight）和前瞻性（foresight），想像新的未來，解鎖新的機會。

洞察力是觀察已知的因素，例如市場和用戶，發覺新的空白區域和空隙。這有別於傳統的用戶分析模型，以前的做法是直接找消費者對談，詢問消費者對產品的建議，進而改良產品。對未來主義者來說，所謂的洞察力，其實是往後退一步，鳥瞰尚未滿足的需求，發現有哪些痛點至今尚無解決方案，甚至拉大格局去分析生活方式，找出尚未實現的期望。以全球來說，「無阻力生活」是消費者對生活方式的期望，催生了許多成功的應用程式、服務、小

工具和設備。有許多產品和服務，都是以「無阻力生活」為原則，不斷尋求改進，例如大疆創新製造的無人機，開箱即可飛行，或者像喜茶開發自家應用程式，實現無阻力購買和消費。

跨視角是走出自身的世界和產業，觀察與你相關的世界。套用在中國的經驗，就是探索截然不同的產業或相關類別，透過平行的觀察，可以獲得一些相關的靈感。有人說，大疆創新借鑑蘋果的經驗，成立自己的零售店，讓潛在買家跟產品有機會互動，零售店有展示無人機，而銷售員本身就是經驗老道的無人機玩家。有人懷疑喜茶從星巴克汲取靈感，比如星巴克推出星冰樂和南瓜香料拿鐵，於是喜茶自問，茶也可以做到同樣的創新嗎？在虛擬網紅的領域，娛樂業看到人工智慧技術的發展，想像這些技術該如何應用於娛樂產業？

第三個視角是前瞻性，想像這個產業在未來五至十年的發展方向。這已經是願景規劃的範疇了，套用在中國的例子，就是善用前瞻思維，為民眾的生活、娛樂或工作方式創造新的現實。一開始，先觀察那些有影響力的全球或社會大趨勢，也就是會在未來十年，甚至更長的時間，持續影響所有人的因素。宏觀的趨勢，影響力又大又廣，例如環保主義，在許多行業都有這個趨勢，只不過這樣的宏觀趨勢，在食品、交通、能源、旅行等各個領域，可能有不一樣的表現形式。前瞻性只是對未來的合理推測，不妨觀察這些宏觀趨勢，為你的品牌和業務規劃下一個十年。

假設環保主義的大趨勢繼續蓬勃發展，在你的產業可能會有什麼現象，為了實現零廢棄、碳中和、可溯源的供應鏈，你的產業會走出什麼商業軌跡？假設你經營冰淇淋生意，養殖乳牛對環境有害，你可能要尋找新的食材，轉向以植物為基礎的產品，或者可能要重新開發產品，讓它可以常溫保存，不用建立冷藏供應鏈，等到食用前再冷凍即可。再者，你可能研發可重複使用的容器，顧客吃完之後，再拿原來的容器，回來店裡補貨。這些都不是難以想像的未來，而是產業界真實發生的軌跡，攸關你企業未來五到十年的存亡。中國的企業能夠預見，讓產業搶先把握價值，主動創造爆炸性的成長和轉型，很值得大家學習。

受到外部因素影響，難免有突如其來的變化。即使你待在高成長的產業，就算這一行持續成長，也不保證你的公司無限制成長。例如大疆創新的案例，雖然民眾想購買簡單平價的無人機，但隨著安全疑慮增加，導致歐美公司取消跟大疆的合約，擔憂無人機會收集數據，交給中國政府濫用。2022 年，這確實阻礙大疆的成長，因此大疆必須轉向，尋找新的成長機會。對大疆來說，下一個發展領域可能是進軍跟中國關係良好的市場，或者在數據收集和儲存方面展開創新，保護用戶數據的隱私。由此可見，當企業面對外部因素，必須調整這三個視野，這攸關企業的長期生存。

## 大膽做夢

大膽做夢，放眼未來，讓你看到平常看不見的模式（一邊走，一邊看著路徑形成）。這在中國通常稱為「邊開車，邊造車」，這一段順口溜道盡了行動本身可以給人力量，幫助你看清前方的道路。就像在夜間開車，頭燈只能讓你看清一小段路，但是你清楚目的地——只要心中有目的地，你就會相信，即便只看到一小段路，也可以引導你抵達目的地。

勇敢做夢向前行，一次用到兩種視角。未來研究所（The Institute for the Future）稱為「雙曲線框架」（Two

Curve Framework）[24]，主張在任何時刻，我們都生活在兩條曲線上。我們所在的曲線正是「今日的做事方式」，處於不斷衰退的軌道。同時，我們也踏在另一條逐漸興起和成長的曲線上，這條線稱為「明日的做事方式」。問題在於我們不確定衰退或興起的速度，但只要保持警惕，不斷注意信號，通常可以把路徑看得更清楚。這兩條曲線交會的那一點，就是大夢化為現實之處，亦是變革發生之處。

還要注意一點，這些曲線有可能來自看似無關的領域。以虛擬網紅的例子來說，所謂衰退的曲線，就是名人和代言人的影響力可能出問題。中國的名人面臨社會和政府的封殺文化，加上名人的代言費高不可攀，以致網紅產業波動，令人憂心。雖然有這條衰退的曲線，但還有另外一條成長的曲線，即動畫和 AI 科技的發展，為製作和動畫公司敞開大門，得以重塑網紅文化和名人代言經濟。

# 注釋

1. Paul Geroski, *The Evolution of New Markets* (UK: Oxford University Press, 2003), p. 53.

2. Lucas Schrothi, "The Drone Market in 2021 and Beyond", *Drone Industry Insights*, August 10, 2021. https://droneii.com/the-drone-market-in-2021-and-beyond-5-key-takeaways

3. Ryan Mac, "Bow To Your Billionaire Drone Overlord: Frank Wang's Quest To Put DJI Robots Into The Sky", *Forbes*, May 6, 2015.

4. Mac, "Bow To Your Billionaire Drone Overlord".

5. Wai Fong Bah, Wee Kiat Lim, et al, "DJI Innovations: rise of the Drones", (Singapore: Nanyang Technical University, Nanyang Business School), September 19, 2017.

6. Medium, "How DJI Became the Drone Industry's Most Valued Company", January 4, 2019. https://medium.com/@askdroneu/how-dji-became-the-drone-industrys-most-valued-company-526f5bf6141d

7. Fangqi Xu and Hideki Muneyoshi, "A Case Study of DJI, the Top Drone Maker in the World", (Japan: Kindai University, Kindai Management Review), Volume 5, 2017.

8. Xu and Muneyoshi, "A Case Study of DJI".

9. Business Wire, "The Commercial Drones Global Market Report 2021", accessed May 11, 2022. https://www.businesswire.com/

news/home/20210806005222/en/Commercial-Drones-Global-Market-Report-2021-Featuring-DJI-Parrot-SA-Aerovironmen-PrecisionHawk-and-Draganfy---ResearchAndMarkets.com

10. Statista, "Consumer Markets, Hot Tea", accessed May 13, 2022. https://www.statista.com/outlook/cmo/hot-drinks/tea/china

11. Statista, "Agriculture", accessed May 13, 2022. https://www.statista.com/statistics/1283819/global-sugar-manufacturing-market-value/

12. Caroline Lai, "On Creating Tea Culture 2.0", ChinaTech Blog, November 23, 2020. https://www.chinatechblog.org/blog/heytea-on-creating-tea-culture-2-0-2-2

13. Grace Ong, "Bubble Tea Brand Hey Tea Launches Mobile App Sees Repurchase Rate Triple", Marketing Interactive, February 3, 2020. https://www.marketing-interactive.com/bubble-tea-brand-heytea-launches-mobile-app-sees-purchase-rate-triple

14. Lai, "On Creating Tea Culture 2.0".

15. Lai, "On Creating Tea Culture 2.0".

16. PanDaily, "Hey Tea to Complete New Round of Funding for a 9.47 Billion", June 25, 2021. https://pandaily.com/heytea-to-complete-new-round-of-funding-for-9-27-billion/

17. Companies Market Cap, May 2022. https://companiesmarketcap.com/dunkin-brands/marketcap/#:~:text=Market%20cap%3A%20%248.77%20Billion,market%20cap%20of%20%248.77%20Billion

18. Huileng Tan, "China Lipstick King Sold 1.7 Billion in Stuff in

12 Hours", *Business Insider*, October, 22, 2021. https://www. businessinsider.com/china-lipstick-king-sold-17-billion-stuff-in-12-hours-2021-10

19. Tan, "China Lipstick King".

20. Mandy Zuo, "Chines Heartthrob Deng Lun's Career in Limbo", South China Morning Post, March 16, 2022.https://www.scmp.com/news/people-culture/china-personalities/article/3170685/chinese-heartthrob-deng-luns-career-limbo

21. Reuters, "China Tells Celebrities, Livestreamers to Report Tax Related Crimes by 2022", NBC News, December 22, 2021. https://www. nbcnews.com/news/world/china-tells-celebrities-livestreamers-report-tax-related-crimes-2022-rcna9616

22. Cheryl Teh, "China is Tempting Customers with Its Flawless AI Influencers", Insider, August 13, 2021. https://www.insider.com/chinas-flawless-ai-influencers-the-hot-new-queens-of-advertising-2021-8

23. Teh, "China is Tempting Customers with Its Flawless AI Influencers".

24. Marina Gorbis, "Five Principles for Thinking Like a Futurist", *Educause Review*, March 11, 2019. https://er.educause.edu/articles/2019/3/five-principles-for-thinking-like-a-futurist

Chapter 6

# 催化因子四：
# 建立新的價值
# 星系

如果你來自西方文化，並參加過中國的企業會議，恐怕那是一段令人洩氣的經歷。中國企業開會的目的，可能與你習慣的方式不同，西方的會議是高效率的集會，以目標為導向，把關鍵的決策者全部召集起來，以便結盟和決策。中國的會議是儀式化的集會，旨在打好關係，主要是為了加深相互理解。在中國的企業內部會議，各層級都派代表出席，花很多時間寒暄和交換禮物，讓各方完整表達看法，不隨便打斷。即使觀點不同，通常不會公開反對或辯論，也不會刻意在論壇上化解分歧。事實上，中國人很少在會議中，達成明確的承諾或決策。這經常讓西方訪客感到疑惑，搞不懂開會的意義到底是什麼。然而，這種互動源自亞洲的文化性，這不僅影響會議的進行，也影響創新和企業在中國的成形和發展。

有一些研究探討了人們對世界的觀點和詮釋，結果發現亞洲人的思維方式，更重視背景脈絡（context），但是西方人的思考方式，比較在意對象（object）。[1]亞洲人覺得一切互有關連，所以要釐清事物之間的關係，以及彼此如何互賴和互動。西方人傾向關注對象本身，直接分析對象的細節，並運用大家公認的邏輯或規則，將對象或特徵進行分類。

這種文化思維傾向，深深影響創新的途徑。西方管理者可能專注於產品，把功能和細節做到 100％完美，可是在亞洲，管理者可能會專注於關係，建立外部合作夥伴或合作案，讓產品成功普及。兩者都很重要，但是因為關注的重點不同，導致大相逕庭的行為，結果通常也不一樣。

中國企業一直努力透過垂直整合，以及建立合作關係和協作網絡，來擴大自己的影響力。這個觀念要從中國所謂的「關係」談起。在中國，「關係」是人際的網絡結構和關聯，可以辦好事情，讓機會來臨，並達成交易。這通常有建立人脈的意思，既然是中國文化根深蒂固的概念，不妨看成一種文化概念和取向，對中國人的創業和經營影響很大。個人和企業可以看見更大的背景，以及彼此互賴的關係，努力爭取支持和串聯，讓事情得以成真。這種觀念和看待關係的方式，自然會蔓延到創新領域。如果套用在企業創新，這就是建立有意義的價值「星系」。

最具體的證據，大概是中國無所不在的數位平臺，以及一些超級應用程式，如騰訊的微信。當西方帶著偏見，看待這些中國數位平臺的成功，經常誤以為是中國設立防火牆，封鎖西方的 Facebook、eBay、Instagram、Google、YouTube 等程式，才創造出這些替代品。這樣想就太短淺了，並沒有看見中國平臺創造強大的價值星系，建立獨特的生態系統。

想一想阿里巴巴龐大的生態系統——大家經常比喻為亞馬遜、eBay、PayPal、Apple Pay、Google 和個別零售商網站的綜合。阿里巴巴集團其實是一個完全垂直整合的價值星系，涵蓋一切跟線上購物和網路搜尋相關的元素，以及支援一切的客戶系統，涵蓋潛在的 B2B、B2C 和 C2C 受眾，包含數位支付、融資、物流、雲端運算和數據管理，以及電子商務廣告和市場行銷。這個高度整合的生態系統，統整所有必要的服務，為買家和賣家創造最大的效用和便利。

與亞馬遜相比，阿里巴巴有一個關鍵的差異，那就是不推出自有品牌，來跟賣家競爭，因為阿里巴巴是品牌的合作夥伴，為客戶創造無與倫比的價值星系。值得注意的是，阿里巴巴為了幫助品牌成功，不僅會與品牌分享數據，也會建議品牌如何更有效地展示和銷售產品——從而創造真正的合作夥伴價值，讓阿里巴巴從電商管道脫穎而出。阿里巴巴以 51％的市占率[2]，在中國電商取得領先地位，但畢竟它不是唯一的選擇，市場上還有京東和拼多多之類的強大競爭者。只不過，這些競爭者對銷售和購物的支援較少。換句話說，他們的價值星系沒有阿里巴巴那麼強大。

　　阿里巴巴是中國的經典案例，現在來看看中國的新創企業。字節跳動旗下的抖音，在中國以外的地區稱為 TikTok。抖音是新一代數位生態系統，結合了社群媒體、影片娛樂平臺、購物車平臺。在抖音刊登的 15 秒影片，幾乎每一件商品都可以出售，直接在抖音或其 App 就可以購買。大家不禁好奇，為什麼 YouTube 不這麼做呢？抖音對社群商務懷抱獨特的願景，於是推動網路購物創新，推出了直播銷售，類似電視購物廣告的形式。直播銷售善用抖音全部的社交力量，例如跟朋友一起買，可享受團購折扣；開放用戶現場評論和提問，讓直播主和觀眾形成社交中心；任何的購買行為都可以在抖音分享，當成是個人推薦或分享的連結，與直播觀眾一起互動。抖音推出時，鑑於中國大多數用戶都是透過手機數據網絡（走出一、二線城市，WiFi 就沒有那麼普遍），在智慧型手機上使用社群媒體,字節跳動和當地行動網路供應商合作,推出抖音自有品牌的手機上網方案,建立了 App 和行動數據之間強大的價值星系,實現快速擴張。依照這些套裝方案,凡是使用抖音服務,只需支付一般網路費的 25%。[3]因此,抖音主動降低用戶的上網成本,來刺激自身的增長,等到抖音將頻道變現,成為直播銷售領域的領導者,這些投資就會輕鬆回本。

## 微信:堪稱全球最強大的價值星系

WeChat 在中國稱為微信,2011 年還只是即時通訊軟體,如今是中國的「作業系統」,每個月服務超過 12.7 億活躍用戶(截至 2021 年第四季)[4],滿足從中國到整個亞洲的日常需求。這使微信成為史上最成功的軟體產品之一,也讓母公司騰訊成為全球市值排名前十的企業[5],可以媲美蘋果、微軟等科技巨頭,以及沙烏地阿拉伯石油公司和 Visa 信用卡服務公司。

一個即時通訊軟體,如何成為世界上最強大的服務價值星系呢?微信花十年時間不斷創新,新增更多功能和特性,並與其他應用程式和服務的交叉互動,最終成為日常生活各層面的門戶。你可以用微信發即時訊息，搜尋網路，分享照片或文件，向供應商或個人付款或收款，預訂計程車或共乘，還有預訂航班、火車或飯店，管理水電和手機付款，申請貸款或管理你的財富組合，捐款給慈善機構，查詢個人的醫療紀錄，從任何你喜愛的品牌購物，預訂健身課程和管理會籍，影片串流服務，訂餐外送，購買電影、演唱會或體育賽事的門票，進行團購，買賣二手貨，搜尋買屋或租屋的訊息……這個列表似乎無窮無盡。關於微信及其功能，都可以寫一本書了，但比起微信使用者能夠做什麼，更重要的是微信如何為使用者建構有意義的價值星系，以致那些使用者難以想像沒有微信的生活。這個應用程式是如此開天闢地，因此許多中國人前往微信普及率較低的國家時，會頓時覺得倒退了十年。

2011 年，起初微信只是免費提供簡訊功能，三大手機網路供應商不得不聯合反對微信，向中國監管機構投訴，在他們看來，微信是免費的簡訊服務，會威脅其豐厚的簡訊服務收入。為了把手機網路供應商變成盟友，微信開始和其中一家廠商合作，也就是中國聯通，共同設計網卡試點計畫，向大家證明從數據收費，反而比簡訊費用更有賺頭。

在第一個發展階段，微信經常推出新功能，讓用戶驚喜不斷，如群聊和語音訊息。然而，中國當地還有幾個競爭對手，所以微信的成長並不快，例如，網絡聊天服務龍頭 QQ 剛推出行動版本。但語音訊息服務推出後，微信終於要起飛了，因為語音訊息是新功能，與競爭對手有所區隔，可以呈現用戶真實的語氣和情感，因此大家都躍躍欲試。

當時中國的手機並沒有語音信箱的功能，答錄機也不普遍，許多家庭都還沒有申請電話，就直接跳到行動通訊了，隨後就是語音和視訊通話。另一個突破性創新正是「朋友圈」，屬於社群動態功能，用戶發布照片和影片後，所有聯絡人都看得到，進一步把微信與聊天服務區隔開來，加上可以發布照片，所以也和文字社交軟體有區隔。此外，有別於其他社交媒體，朋友的朋友看不見照片、點讚或評論，營造一種封閉社交群體的感覺，顧及個人隱私，因為微信試圖「從內而外，專為行動網絡打造通訊工具」。[6]後來微信又推出一個獨特的新功能，叫做「附近的人」，讓用戶搖晃手機，來搜尋附近的用戶，結交新朋友，這可以向方圓內同樣打開此功能的用戶發出信號，表明自己願意聯繫和聊天。光是第一階段的發展，就形成了一個極其有用的通訊社交平臺，在四百三十三天之內吸引了 1 億用戶。[7]

到了第二個發展階段，新增數位支付和應用的「服務」，開放銀行帳戶連結個人檔案，通過新的微信支付功能，用戶可以付款給各種機構及個人。新的服務推出後，微信可以積極與第三方合作，例如叫車 App、公用事業公司、旅遊網站等，大家以合作夥伴的名義，在微信上營運。微信也新增按鈕，讓用戶可以點擊前往公用事業公司的官網，以查看賬單，並完成付款。用戶收到的紙本帳單，都附有專屬 QR 碼，掃描後即可支付，並提示用戶連結微信帳戶，未來付款更便利。微信還另外設置按鈕，讓用戶預定第三方的旅程，而且是消費者熟悉的旅行社，並為微信用戶提供優惠。微信用戶可以點擊交通按鈕，來預訂計程車或叫車共乘。微信用戶去餐廳或商店，可以掃描 QR 碼便利支付，完全不用現金。微信用戶使用聊天功能時，可以發錢給朋友和聯絡人，以便分攤費用。只可惜，數位支付仍處於初期階段，微信決定實施一個新玩法，鼓勵用戶使用「紅包」功能，進行數位轉帳。這就是給紅包的數位版，所謂的紅包，是把現金裝在紅包袋裡，這是中國過新年的習俗，也是中國文化中常見的感謝方式。果不其然，該功能促進微信支付普及，而且迅速趕上一年多前推出的支付寶。

微信的「服務」開放用戶向許多廠商付款，於是成為用戶的便利中心，可以預訂、規劃和支付，實現零阻力的生活。叫車 App 龍頭滴滴（相當於中國的 Uber），也在微信內營運，大多數滴滴用戶都是透過微信，而不是滴滴App 來叫車。根據中國電信的調查，每月行動電話帳單或 SIM 儲值卡，大多是在微信付款，而非通過廠商自己的支付管道。最初微信計畫向第三方長期收取這些服務的費用，但後來決定免費提供，只收取 300 元人民幣的認證費用，以驗證對方的身分。微信開放平臺業務負責人胡寧軍回憶道，「大家說微信『就像佛祖一樣』，在幫助別人……但微信倒覺得自己像蜜蜂，蜜蜂為花朵授粉，可以趁機採花蜜。」[8]

在下一個階段，微信新增了官方帳號功能，讓品牌和企業可以直接在微信聯繫消費者，直接向消費者宣傳品牌、產品和服務的消息。到了 2014 年底，微信總共有 800 萬個官方帳號。[9]對消費者來說，微信是個便利的地方，可以查看健身中心的課表，得知他們喜愛的服裝店正在換季促銷。隨著這些創新而高效的生態系統誕生，用戶的生活變得更便利，2016 年底微信每個月的活躍用戶激增至 9 億左右[10]，微信五年來的成長軌跡，在全球 App 史上無人能出其右。2016 年微信也在中國以外地區營運，例如東南亞、印度和拉美，以及許多有中國居民或遊客的地方，就連紐約市或倫敦的知名品牌商店，也可以像上海或廣州一樣，透過微信掃碼支付。

2017 年，微信進入第三個發展階段，推出「小程序」。所謂小程序是子應用程式，或稱為應用程式內的應用程式，允許企業直接在微信 App 運行、無縫銜接微信支付。用戶可以透過小程序，向奧樂齊超市訂購生活用品，或向必勝客訂購披薩；向 Lululemon 或 Zara 訂購服裝；向絲芙蘭或屈臣氏訂購化妝品和盥洗用品；也可以預定健身課程，或者預約看診等。特別有趣的是，微信小程序給小企業和創業者方便，提供一條龍的電商解決方案。這相當管用，經銷商頓時沒有存在的必要，因為微信是直接面對消費者的銷售管道，也是交流平臺，可以與消費者聊天互動、提供客服、發送廣告和其他服務消息。「小程序」成為功能齊全的銷售傳播管道。「小程序」操作起來，比起設計一套 App 更容易，成本更少了八成。[11]此外，消費者不用另外下載、安裝或註冊，所有必要的個人資訊都可以從微信帶過來，由微信啟用支付。用戶使用完畢，就可以直接離開，不用在手機塞入新的 App。

微信創辦人兼開發長張小龍，在 2019 年談到平臺的力量時表示：「微信的動能主要有兩個……一是打造跟得上時代的好工具……二是讓開發商創造價值。官方帳號平臺啟動後，微信開始展現作為平臺的優勢，後來還新增了小程序。如果一個平臺只想著自身的利益，是不會持久的。唯有為別人創造利益，平臺才可以擁有自己的生命……大家想不太明白，為什麼小程序要去中心化。如果我們不去中心化，騰訊用自己的小程序壟斷平臺，就不會有外部開發者。騰訊當然會在短期內受益，但微信的生態系統就沒戲唱了。」

根據估算，微信透過官方帳號平臺和小程序，為用戶和廠商建立強大的服務生態系統和價值星系，光是在

2018 年就創造了 2,235 萬個工作機會。[12]

微信把用戶體驗擺在首位，於是建立一個生態系統，專為合作的企業和品牌創造巨大的價值。他們不只是提供廣告（微信 App 上的廣告，與全球其他社群或電商 App 比起來，反而是最少的），而是建立一個強大的生態系統，讓企業直接向消費者銷售，建立並管理跟消費者的關係，為企業和用戶提供無阻力的體驗，讓日常生活中必要的商品和服務唾手可得。張小龍在 2019 年指出，「微信已擁有 10 億用戶，但我們從不認為用戶數特別重要……我們更關心的是，如何為用戶提供更多的服務。這才是更重要的問題。」[13]

微信創造的價值星系，至今仍在擴大和成長，下列是令人矚目的績效指標：

- 到了 2021 年底，微信小程序的每日活躍用戶達到 4.5 億，年增 15.2％，[14]該公司認為，這正是微信每月活躍用戶成長的主因。隨著微信的實用性增加，用戶數也跟著成長。
- 截至 2022 年 3 月，微信全球每月的活躍用戶成長

30％，達到 13 億。[15]

- 海外商家所開發的小程序，自 2020 年以來，數量成長了 268％，網路商務的交易量暴增了 897％。[16]
- 微信搜索的每月活躍用戶，在 2021 年暴增至 7 億，年增 40％。[17]
- 自 2016 年以來，微信支付的員工成長三倍，達到 1,200人，目前與 1,800 多家銀行和金融機構合作。[18]
- 微信上的直播電商銷售額，在 2021 年成長十五倍。[19]
- 微信的企業版應用程式 WeCom 於 2016 年推出，旨在支持企業數位轉型，提供影片串流、傳播和傳訊服務，到了 2021 年，已累計超過 1.8 億活躍用戶，總共有 1,000 萬家公司使用。[20]

　　微信已經是中國日常生活的作業系統，有 80％的中國人使用，占用了人們使用智慧型手機的三成時間。[21]微信在中國以外的影響力也愈來愈大，用戶主要在亞洲。根據創投和投資機構的報告，微信獨特的商業模式，讓印度和非洲的創新人士紛紛效法，希望能夠改革當地的社會和經濟。

## 盒馬和新零售建立強大的新價值星系

2016 年馬雲介紹阿里巴巴集團的新零售策略時表示:「電子商務的時代即將結束。在接下來十年左右,不再有所謂的電子商務,只有新零售。」[22]

當時,商家還在熱烈討論 O2O(線上到線下,從網路吸引消費者,去實體門市消費),馬雲早就在想像更宏大的願景。在他心中,線下和線上的零售宇宙完全融合,通過數據分析和人工智慧,為消費者創造無縫零阻力的世界,可以順利取得商品和服務。這個願景代表全新的價值星系,最終消費者和零售商都將從數位零售革命受惠。

對某些人來說,這聽起來像是「全通路」零售的中國版,但新零售有其獨到之處,全面革新顧客體驗和交貨流程,以及服務與營運的規模和速度,這些新科技成了推動產業轉型的助力。所謂的新零售,讓消費者有完整的零售體驗,不分線下和線上,只想著怎麼做對消費者有幫助。如今,消費者透過多種管道與品牌互動,體驗產品和服務,通常會在自己覺得最方便的管道購買。消費者跟品牌互動或購買商品服務時,不會刻意區分地點或場合,只期望無論在何處體驗產品或品牌,都應該是無阻力、無縫接軌。如果一個品牌讓消費者費盡心力，往往會被市場淘汰，讓位給更容易體驗和購買的品牌。

依照新零售的主張，如果是傳統零售品牌，必須加入線上的品牌體驗和購物服務，相反地，如果是數位原生垂直整合品牌，反而要思考如何為客戶提供實體的體驗和購物服務。為了發揮新零售的潛力和理想，企業要認清今天消費者的生活方式，然後主動響應，通過數位化支援客戶的購物流程，提供獨特、難忘和零阻力的品牌與購物體驗。阿里巴巴集團在 2016 年推出盒馬鮮生（Fresh Hippo），來實現這個目標。盒馬鮮生由阿里巴巴集團的實驗室成立，本來是為了試驗新方法和新技術，最後竟然塑造並定義何謂新零售。

當時，針對生鮮超市展開新零售實驗，似乎是不尋常的選擇。這樣的商業模式充滿了挑戰，比方如何管理冷藏物流，同時保持盈利，因為生鮮產品要以不同的溫度保存，而且有太多易碎品，加上商品形狀奇特，不適合堆疊。此外，還面臨一個兩難的問題：究竟要透過實體店鋪或區域倉庫，來配貨和完成訂單。如果透過零售店鋪，成本未免太高，因為要仰賴當地的店員來管理流程。此外，也無法保證貨品充足，畢竟門市有時候客流量大，容易缺貨。另一方面，區域倉庫會徒增庫存和物流的成本，對於這個利潤微薄的產業來說，是一筆大開銷。

　　海外的大型生鮮超市也面臨這些挑戰，拚命整合線下及線上。英國瑪莎百貨（Marks & Spencer）收購線上超市歐卡多（Ocado）50％的股份，以拓展線上能力，美國亞馬遜則收購高檔雜貨零售商——全食超市（Whole Foods），在實體零售爭取一席之地。[23]正因如此，阿里巴巴集團才想要挑戰生鮮超市，探索新零售的可能性。想像一下，如果能克服生鮮數位化的挑戰，新零售的願景想必也能在其他背景下實現。

　　中國的生鮮市場與歐美大不相同，有高達73％的消費者，選擇在住家附近的傳統市場購買肉類、雞蛋和農產品等生鮮食品，其餘22％的消費者透過超市購買，僅有3％在網路購買。[24]消費者渴望最新鮮的食物，習慣每天上傳統市場，可能是一大早或趁下班途中去買，他們認為傳統市場提供的食物最新鮮，因為每天從農村直送。在消費者眼中，超市只販賣現成的包裝食品，而電子商務是購買重型或大件產品的管道，例如洗衣粉、飲料或衛生紙，把重物直接送到家門口。然而，鑑於中國的中產階級崛起，可以支配所得增加了，特別是在上海、北京和廣州等大城市，阿里巴巴集團看到一個機會，在城市工作的中產階級，消費和使用生鮮的習慣升級了，比較願意接受主打便利的服務。

第一家盒馬鮮生店鋪，於 2016 年 1 月在上海浦東區開業，開幕時，幾乎沒什麼宣傳。這是第一家門市，相當於一間實驗室，阿里巴巴集團可以默默做實驗。過了六個月後，該商業模式得到驗證，盒馬鮮生開始在中國各地開設更多分店。盒馬的商業模式有幾個創新的招牌特色，例如活體海鮮市場，而且附設餐廳，顧客挑選完海鮮，可以交給廚師現場料理，並直接食用。服務生（偶爾會有機器人）將新鮮的菜餚送到顧客手中，品質優良，令人印象深刻，於是用餐完畢後，顧客通常會購買更多海鮮帶回家。在這個空間，顧客見識到超大的異國風味海鮮，比方重達 5 公斤的阿拉斯加帝王蟹，大家爭相拍照和攝影，在中國社群媒體上瘋狂流傳。海鮮在中國十分昂貴，代表財富和聲望，這種結合海鮮市場和餐廳的體驗，吸引來上海或北京旅遊的中國人。社交媒體上的部落客和 V 落客，甚至為遊客介紹在盒馬逛街和購物的技巧。

盒馬特地在門口附近，擺滿其他五顏六色、鬱鬱蔥蔥的生鮮產品，以吸引路過的消費者。所有生鮮產品都支援完全產銷履歷計畫。消費者掃描 QR 碼，即可追蹤產品的來源，確定產品是何時離開農場，精確程度以分鐘計算。此外，運輸溫度、路線、供應商的官方政府認證，甚至是食譜和客戶評論都查得到。盒馬也推出自有品牌的農產品，以顏色區分，每週有七天，就有七種顏色，讓消費者分辨這是今天的產品，而昨天的產品早已下架。

至於店鋪本身，除了餐廳之外看不到服務生，因為幾乎都數位化了，產品的訊息和定價，都在貨架的條碼標籤上，多虧數位支付，盒馬已經實現完全無現金的結帳過程。店內大多數的員工，只負責完成網路訂單，讓實體店鋪變身配貨中心。

線上訂購時，生鮮產品的訂單保證 30 分鐘內送達，也沒有規定最低訂購金額，唯一的限制是必須在商店方圓 3 公里內。這個商業模式為顧客提供前所未有的便利（在這之前，其他生鮮超市是保證 3-4 小時內送達），對盒馬來說，這也會節省成本，因為距離不遠，只要用保溫盒和保溫袋運送，不需要冷藏供應鏈。盒馬在上海和北京，甚至推出夜間醫療保健產品外送服務，同樣保證 30 分鐘內送達。

為了實現 30 分鐘內到貨，店鋪必須在 10 分鐘內把訂單準備好。由於庫存已經數位化，數位購物管道（無論是應用程式或網站）只會向顧客顯示現貨，以免發生缺貨或到貨延遲的問題。天花板懸吊著輸送帶，一個個籃子經由電腦導航，沿著最快的路徑移動，進而完成訂單。為了快速取貨，負責揀貨的工作人員，各自負責店內某一個區塊，並配備可以顯示訂單的數位終端，如此一來，一旦籃子抵達裝貨站，工作人員已經準備好裝貨。這樣不僅效率高，那些親臨實體店鋪的購物者，也多了一種體驗和參與感，可以親眼看到網路訂單的備貨過程。

18 個月內，盒馬在三個城市開設 13 家門市，每單位面積的銷售量是其他區域超市的三至五倍；盒馬宣布 App 轉換率高達 35%，這在業內前所未聞，訂單中有 60% 來自網路購物。[25]顧客平均每個月購買 4.5 次，每年購物 50 次。[26]每次與顧客的互動，都可以變成數據儲存起來，讓盒馬的人工智慧引擎能夠推薦顧客產品，提供相關促銷訊息，並針對個別客戶改善送貨服務。此外，盒馬掌握這些數據，可以得知分店的熱銷商品，確保供貨正常和新鮮，並幫助分店謹慎管理庫存，把浪費和損耗降到最低。

盒馬與供應商建立穩固的關係，承諾永遠不收上架費。[27]它也跟省級政府農業部建立合作關係，幫忙農民提高產量和利潤，促進農村的經濟發展。在生鮮產業，經常收取高昂的上架費，供應商為了把握經銷管道，不得不走後門，從事祕密交易，因此盒馬的行事作風，顛覆整個產業。這些合作夥伴關係，讓盒馬建立強大的自有品牌，占銷售額的 10%。對這個市場而言，自有品牌通常不受歡迎（因為消費者在乎品質，更偏愛市面上的知名品牌），一般超市的自有品牌只占銷售額的 3 至 5%，這是相當顯著的轉變。[28]

後來由於疫情，盒馬的擴張計畫在 2020 至 2021 年放緩，不過，到了 2022 年，盒馬在中國二十七個城市擁有約 350 家門市，主要位於人口超過 100 萬人的密集市中心。[29]盒馬以數據為本的商業模式，強調供應鏈管理，以及跟供應商的合作，形成一個強大的價值星系，與傳統超市相比，擁有更高的利潤。這家企業每單位面積，創造更高的銷售額和更少的浪費，為消費者帶來更多方便，不愧是美好的購物體驗，消費者的忠誠度很高。截至 2022 年 1 月，盒馬的高科技生鮮商業模式，市場估值達到 100 億美元[30]，盒馬還在持續創新，推出另一種更小的店鋪「盒馬鄰里」。

## 如何輸出這個催化因子

把你的業務看成是大型生態系統的一部分，當你建立價值星系，就能夠擴大企業的貢獻，拓展潛在的覆蓋範圍，讓你的解決方案、產品或服務，妥善滿足用戶或顧客的需求，如此一來，企業就會擴大規模，發揮莫大的社經影響力。

### 透過背景和對象來看待挑戰

西方習慣走線性的道路，並專注於用形式邏輯和規則來分析和分類對象。然而，中國擁抱互賴和網絡的力量，所以中國企業能夠看見更大的背景脈絡，還有互賴關係，讓新技術有機會成功。中國人善用這些網絡連結，換一個方式來創造價值。

西方該如何模仿中國呢？先看看這兩個視角，一是亞洲的背景視角，二是西方的對象視角。西方關注對象，細看細節；亞洲聚焦背景，放大視野，所以會拉大視角，看到整個圖像，但西方人天生沒有這種習慣，所以要刻意去關注背景，包括互賴性、矛盾和潛在關聯（甚至包括人脈）──這些都可能為企業創造價值，建立真正為用戶提供價值的強大生態系統。

一旦你確認有哪些關係、網絡和連結，可能會觸及、強化或甚至弱化用戶體驗，試著把生態系統畫出來，確定有哪些相關參與者，可能會影響你們公司的客戶體驗。使用的過程中，有什麼障礙或阻礙？該如何實現體驗，甚至把體驗變得更順暢？哪些行動者或代理人參與其中，有可能受惠呢？這可能都代表合作機會。

比方微信的案例，微信提供免費的短訊服務，行動網路供應商大表反對，擔心自家的業務會萎縮，但微信選擇幫助行動網路供應商，從此就拉大格局，發現銷售數據的機會，於是把行動網路供應商納入價值星系，反而加速微信的普及。有時候，讓對手站在自己這一邊，創造雙贏的局面，才是價值星系最有力的環節。

當你勘查周圍環境，善用這兩個視角，同時理解對象和背景，不管你是企業家或管理者，都有能力建立生態系統，設計有意義的配置，以便創建更強大的價值星系，好好服務消費者，推動永續成長。

## 不追求技術優勢，而是思考宏觀設計

綜合各種報告和分析，微信並沒有展現技術優勢。阿里巴巴的盒馬鮮生也是如此。這兩個創新案例的特殊性，在於從遠見或宏觀設計出發，融合各種功能和特性。無論是微信或盒馬，都是基於創辦人或創造者的創新遠見，據此一步步實現目標，顯然並非有系統的創新模式。如果是比較有系統的創新，通常會重視研發和用戶分析，旨在發揮技術優勢。

《哈佛商業評論》分析發現，在某些條件下，宏觀設計比一般的設計思維更有效，尤其是市場還在萌芽階段時，蘋果便是一例，iPod 和 iPhone 等宏觀設計，都是基於賈伯斯對新用戶體驗的想像，並未有任何全球首創的技術，只不過以全新的方式，把現有的技術加以重新組合而已。[31]

盒馬和微信也是宏觀設計的經典案例。強大的遠見者，一路指引這兩家企業的發展，直至最小的細節。例如，馬雲對新零售的遠見，促使阿里巴巴從生鮮食品下手，於是成就了盒馬的科技生鮮零售，充分整合線上和線下體驗。微信創辦人張小龍始終堅持極簡，「微信永遠只有四個圖標欄，永不添加任何東西」[32]。即使微信有各種功能，可以支付、支援小程序，但四個圖標欄永遠不變，而開發團隊的任務，是必須想辦法精煉超級應用程式的使用者導航。

一般人建立價值星系，總會一股腦兒增添產品元素，或努力找了一堆合作夥伴，甚至拓展到新服務或新產品，但創新者必須謹慎，以免稀釋宏觀設計的願景。你所添加的內容，必須對齊你所想像的服務和產品，拒絕任何跟願景不相符的內容。

舉例來說，微信與其他傳訊社交 App 相比，有一個明顯的區別，在微信發送訊息的人，並無法得知何時被讀取，或者是否已讀。張小龍認為，「社交互動應該有一個限度，如果我知道你讀了沒，就會有回應的壓力。」[33]張小龍單純認為，這個功能不符合他心中的設計和營運邏輯。

　　重組價值星系時，必須遵照宏觀設計的願景，也要懂得選擇。生態系統或產品的廣度，並沒有那麼重要。反之，最應該考慮的因素有兩個，一是身為創新者，你想創造什麼價值？二是新加入的合作夥伴／功能／產品，有沒有符合你的願景，讓你實現該價值？

　　最後，微信和盒馬向大家證明，願景和宏觀設計確實可以超越技術進步，因為光憑現有的技術，就可以實現創新，甚至在新的價值星系成功整合，對經濟和社會帶來有意義的改革，進而顛覆一切。

## 關鍵績效指標必須隨價值調整

　　當你創造價值星系，若要評估計畫進度或初期成效，必須放下典型的企業或成長指標（例如，以為有流量或盈利就等於成功），而是確認有沒有為用戶創造最優質、最有用的產品，可見要有不一樣的 KPI，讓企業關注真正的系統構建活動。

　　張小龍回憶起微信在成立初期，並沒有設定 KPI，他這樣解釋，「典型的企業目標，無非是製造流量，將其變現，所以 KPI 是為此設計的。當你把這件事當成目標，主要目標不再是製造最優質的產品，而是使出渾身解數爭取流量。這不是我們所支持的原則。我們主張把微信變成用戶心目中的好產品……老實說，微信從未以 KPI 為目標。以小程序為例 —— 我們不知道怎麼為小程序建立 KPI。」[34]小程序是天大的變革，對微信甚至整個中國經濟來說都是如此，如果當初微信把重點放在財務或流量的 KPI，小程序會變成什麼樣子呢？

阿里巴巴從生鮮切入新零售，選擇一個充滿挑戰的零售通路做實驗，真是不尋常。生鮮購物正在全球實現數位化，卻是零售產業中利潤率最低的。若從盈利的角度來看，生鮮顯然不是首選。然而，對消費者和產業來說，如何提高便利性，提供高品質的食品，把良好新鮮的產品交給顧客，而且售價要合理，具有市場競爭力，這就是很重要的課題了。

因此，在盒馬發展初期，KPI 其實是為消費者提供價值——到貨速度和便利性都要超越消費者的期望，並且向消費者保證食品的新鮮度和可追溯性。盒馬創立初期，並沒有要求自己要盈利，因為重點是如何建立價值星系，滿足或超越消費者的需求；一旦找到這個甜蜜點，盒馬就開始轉移焦點，提升營運效率和擴大經營規模。

# 注釋

1. Bruce Bower, "Cultures of Reason: Thinking Styles May Take Eastern and Western Routes", *Science News* 157.4 January 22, 2000, pp. 56–58.

2. Dashveenjit Kaur, "Alibaba Risks Dominance in China as Shoppers Evolve", techwireasia.com, November 9, 2021. https://techwireasia.com/11/2021/alibaba-risks-dominance-in-china-as-shoppers-evolve/

3. Deng Feng, Professor, Digital Marketing, NYU Shanghai. *Interview, NYU Shanghai campus*, November 20, 2019.

4. China Internet Watch Report, "WeChat Users and Platform Insights 2022", May 18, 2022. https://www.chinainternetwatch.com/31608/wechat-statistics/

5. Julian Birkinshaw, Dickie Liang-Hong Ke, Enrique de Diego, "Innovation and Agility at Tencent's WeChat", Case Study, London Business School, August 2019.

6. Birkinshaw et al., "Innovation and Agility at Tencent's WeChat".

7. Birkinshaw et al., "Innovation and Agility at Tencent's WeChat".

8. Birkinshaw et al., "Innovation and Agility at Tencent's WeChat".

9. Birkinshaw et al., "Innovation and Agility at Tencent's WeChat".

10. Tingyi Chen, "The Top 500 WeChat Official Accounts", Walk the Chat Trend Report, June 11, 2017. https://walkthechat.com/trend-report-top-500-wechat-official-account/

11. Birkinshaw et al., "Innovation and Agility at Tencent's WeChat".

12. Birkinshaw et al., "Innovation and Agility at Tencent's WeChat".

13. Birkinshaw et al., "Innovation and Agility at Tencent's WeChat".

14. Zhenpeng Huang and Sarah Zheng, "WeChat App Keeps Growing Despite Beijing Crackdown", Bloomberg, January 6, 2022. https://www.bloomberg.com/news/articles/2022-01-06/tencent-s-wechat-app-keeps-growing-despite-beijing-crackdown

15. Statista, accessed September 1, 2022. https://www.statista.com/statistics/255778/number-of-active-wechat-messenger-accounts/

16. Huang and Zheng, "WeChat App Keeps Growing".

17. Huang and Zheng, "WeChat App Keeps Growing".

18. Huang and Zheng, "WeChat App Keeps Growing".

19. Huang and Zheng, "WeChat App Keeps Growing".

20. Tencent Press Release, "Tencent's WeCom Sees User Growth Amid Capabilities Integration With Other Tencent Platforms", January 14, 2022. https://www.tencent.com/en-us/articles/2201273.html

21. Roel Wieringa and Jaap Gordijn, "The Business Models of WeChat", The Value Engineers white paper, March 2021.

22. Wengshou Cui, "Hema: New Retail Comes to Grocery", International Institute for Management Case Study, Lausanne, Switzerland, 2019.

23. Cui, "Hema: New Retail Comes to Grocery".

24. Cui, "Hema: New Retail Comes to Grocery".

25. Glenn Taylor, "Alibaba Supermarkets Blend Offline and Online Via Mobile-First Strategy", *Retail Touchpoints Magazine*, July 26, 2017. https://www.retailtouchpoints.com/topics/omnichannel-alignment/ alibaba-supermarkets-blend-online-and-offline-via-mobile-first-strategy

26. Taylor, "Alibaba Supermarkets".

27. Cui, "Hema: New Retail Comes to Grocery".

28. Cui, "Hema: New Retail Comes to Grocery".

29. Jing Zang, "Hema Becomes China's Largest Retailer for Ready-to-Eat Avocados", Product Report, December 22, 2021. https://www.producereport.com/article/hema-becomes-chinas-largest-retailer-ready-eat-avocados

30. Bloomberg News Wire, "Alibaba's Fresh Hippo Said to Mull Funding at $10 Billion Value", Bloomberg.com. https://www.bloomberg.com/ news/articles/2022-01-14/alibaba-s-freshippo-said-to-mull-funding-at-10-billion-value#xj4y7vzkg

31. Julian Birkinshaw, Dickie Liang-Hong Ke, Enrique de Diego, "The Kind of Creative Thinking That Fueled WeChat's Success", *Harvard Business Review*, October 29, 2019. https://hbr.org/2019/10/the-kind-of-creative-thinking-that-fueled-wechats-success

32. Julian Birkinshaw et al., "The Kind of Creative Thinking".

33. Birkinshaw et al., "Innovation and Agility at Tencent's WeChat".

34. Birkinshaw et al., "Innovation and Agility at Tencent's WeChat".

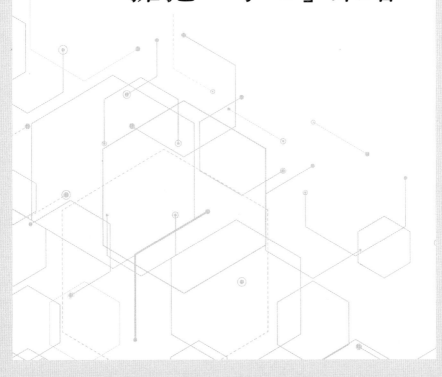

Chapter 7

# 催化因子五：
# 擁抱「小 S」策略

許多商業領袖花很多時間深入思考，設法總結和表達企業宗旨，並展現在企業文化中，最終將這些宏觀的願景化為現實，寫成詳細的五年戰略框架。這就是所謂的「大 S」策略。「大 S」策略從宏觀到微觀，屬於由上而下的戰略。實際上，西方傳統的商業戰略和規劃模型，強調可行的形式和路徑：

　　第一步：為公司構思宗旨和願景。

　　第二步：從宗旨和願景出發，規劃大策略。

　　第三步：將大策略分解成具體的策略，以實現整體願景。

　　另一方面，中國企業則重視「小 s」戰略。「小 s」戰略著重於營運靈活性、系統支持、日常流程，最後會影響企業的行事作風。「小 s」戰略乃是由下而上，在西方受到忽視。然而，中國商業領袖大多認為，除非「小 s」戰略到位以實現目標，否則只關注「大 S」戰略，根本是自我陶醉。

　　中國企業不太會仰賴「大 S」戰略，因為他們領悟到，新興市場一直在改變。中國的變化很快，競爭對手進入、退出和轉變的速度，到了令人震驚的地步，以至於五年計畫根本沒什麼價值。中國一年內發生的事情，可能相當於歐美的七至十年。在中國，「大S」戰略通常不會超過一、兩年。實際上，大多數企業和執行長以願景為依歸，通常會跳過戰略規劃，因為他們發現，有戰略規劃不一定會更好。相反地，他們會督促自己的公司專注於交貨和執行。

把焦點放在前線業務，讓企業日常流程和行動變得高效率，並且持續改進商業模式的執行狀況，加速企業成長。中國人特別務實，所以重視「小s」戰略，提升企業的靈活度和應變力，既可以實現企業的遠大目標，也能順應市場的需求或變化，回應競爭對手的任何舉動。

這是創新的主力，把創新的市場潛能發揮到極致，包括盡快上市，拓展更多市場，以迅速擴大規模。由於中國的商業環境瞬息萬變，比起「大S」戰略，「小s」戰略更是成功的關鍵。隨著世界其它地區持續加速，商業界趨於動盪，情勢日益複雜，競爭愈來愈激烈，未來「小s」戰略（把事情完成的戰略）只會愈來愈重要，決定哪些企業可以成功，哪些企業會失敗。這就是為什麼每一位執行長的首要之務，就是要藉由「小 s」戰略培養實力，並且擴大規模。

## 打造世界上最大的家電公司

海爾是中國的家電公司，自 2011 年以來，一直是世界上最大的「白色家電」公司[1]，專門製造並販售洗衣機、冰箱、空調等產品，業務遍及全球一百多個國家。但這家公司並非一帆風順，事實上，海爾原本搖搖欲墜，一直等到海爾落實新管理哲學，把焦點放在「小 s」戰略，才終於穩定下來。

海爾成立於 1949 年，本來是中國東部沿海城市青島的冰箱工廠，青島當地以青島啤酒聞名。到了二十世紀八〇年代，這家國有企業「青島電冰箱總廠」負債累累，面臨破產。然而，1984 年中國向世界開放，青島電冰箱總廠與歐洲製造商成立合資企業，引進最新技術和思維。有了新技術，還有新領導者張瑞敏的帶領，公司更名為青島海爾，開始扭轉命運。

張瑞敏從來沒學過企管，他出生萊州村，由於毛澤東的文化大革命，他上不了大學，只好在家自學，閱讀莎士比亞和道家老子的作品。在 1960 年代末，他去一家國有金屬加工廠當學徒，在那裡表現得還不錯，後來才跳槽到當地的家電公司，成為一名經理。最後，青島海爾這家瀕臨倒閉的冰箱工廠，任命他擔任管理者。張瑞敏到職時，發現這裡的工人們缺乏動力，工作時粗心大意，每個月勉強只能製造 80 臺冰箱，而且工人們的習慣不好，經常在工廠隨地小便。

張瑞敏想根除政府官僚主義的自滿態度，於是婉拒西方合作夥伴的建議，不採用多層級的企業結構。在他的眼中，這裡的員工參與度低落、士氣低迷、產品品質低下，歸根究柢，他認為這些員工缺乏掌控權，只能聽從上面的指示完成工作。屬下把資訊傳給管理階層和政府，然後乖乖接收命令，所以大多數員工都「聽命行事」，而這些命令實際執行起來，既不具體，也不實用，因為股東們缺乏製造冰箱的專業知識。

張瑞敏認為，如果要扭轉整家企業，要徹底改變公司文化——個人要對自己的工作負責，大家要有團隊意識，關注工作的原因、內容及做事方式，建立更好的流程，製造優質的產品。最重要的是，這一切的依歸，都是為了服務客戶或最終用戶。

1985 年有一位客戶抱怨冰箱故障，張瑞敏便命令員工摧毀超過 75 臺品質不合格的冰箱，因此而聲名大噪。員工們瞪大了眼睛，一起拿著大鐵鎚，聽從張瑞敏的指令，打碎那些品質低落的冰箱。張瑞敏自己也拿起大鐵鎚，給冰箱及當時的公司文化最後一擊，宣布改革的時候終於到了，他開啟全新的時代，決定義無反顧地關注卓越和品質。

到了 1988 年，中國政府鼓勵張瑞敏收購當地五家陷入困境的家電公司，從而擴大海爾的業務範圍，包括洗衣機和空調等產品。海爾的表現令人印象深刻，1990 年代美國龍頭奇異電器（GE）曾經想收購海爾，但是張瑞敏拒絕了，反倒是在 2016 年，海爾斥資 54 億美元，收購了 GE 的全球家電業務部門。[2]

張瑞敏成為海爾的領袖，帶來新的方法，一來保留中國的傳統文化，二來從歐洲合作夥伴身上學到現代的商業概念，形成他自己獨特的意識形態，稱為「人單合一」。

「人」就是個人，意指員工，「單」就是訂單，指用戶的需求,「合一」是在員工和用戶需求之間,找到共同的關聯。人單合一,旨在簡化層級組織結構,因為當企業落實層級結構,反而拉開企業和最終用戶的距離,讓企業無法真正理解最終用戶,解決他們的需求。相反地,人單合一提倡扁平化的組織,具有創業精神,無論是做決策或冒險,無非只有一個共同的目標,那就是滿足最終用戶的需求。

這不只是以消費者為主的戰略,也是強大的競爭策略,使企業憑藉差異化創新脫穎而出。當海爾發現用戶獨特的需求,就可以避免競爭比較,因為他們提供的商業模式,跟其他品牌完全不一樣。例如,1996 年一位農民抱怨他的海爾洗衣機經常堵塞,維修工人去家裡檢查後,才知道他的洗衣機不只洗衣服,還用來洗馬鈴薯。於是,海爾很快就設計一款新機型,桶槽內建緩衝器,可以保護蔬菜,而且管線加寬,所以不會堵塞。最後事實證明,這種洗衣機的市場相當大,不僅是在中國,在許多其他國家也是如此。

「人單合一」長期下來,淘汰了一萬多個中階管理職位,同時在開放平臺上成立 4,000 多個微型業務單位,成功建立了一個生態系統，包含無數的小企業和小企業「業主」，他們有動力去執行「小 s」戰略，先思考該如何滿足最終用戶的需求，再來決定工作的內容和做法。張瑞敏說過，「傳統的品牌重視產品升級，但海爾重視用戶體驗的迭代或升級。例如，說到智慧家居，如果用戶可以從某一套解決方案持續獲得價值，他們不只會購買單一的家電，還願意支付十倍的價格。」[3] 每個想像出來的新解決方案或產品，都需要建立並組織一套全新的內部結構、流程和操作。由此可見，海爾的營運方式，有別於其他許多製造商，因為那些廠商的生產線是固定的，只能夠慢慢改革產品。

張瑞敏回憶起如何擺脫由上而下，以「大 S」戰略為主的階層管理，「包括 IBM 執行長在內的幾位商業領袖，都說這種轉型不可能實現……但我們做到了。這樣的轉型，以及倒過來的金字塔結構，可是經過十二年才逐步實現。這在內部引發不少衝突，因為我們必須改變整套流程，從以往按部就班的瀑布式，變成更靈活的平行式。」[4] 如今，這套生態系統把握幾個原則，然後持續進化——持續促進合作、跨界融合，把各方串聯起來，不斷迭代，滿足用戶瞬息萬變的需求。

1998 年張瑞敏到哈佛商學院演講，他是站上這個講臺的首位中國商業領袖，現在他是全球管理界的傳奇人物，被譽為世界上最重要的現代領導力戰略專家和學者。目前在海爾智慧家居旗下，擁有一系列的品牌，包括惠而浦和伊萊克斯，並在物聯網領域推出各種智慧家電，市值達到 410 億美元，在《財星雜誌》全球 500 強排名第 405 位。[5]

## 「小 s」策略的實際應用

那麼，人單合一和「小 s」戰略，如何在海爾實踐呢？海爾的小型業務單位或生態系統微社群（EMC），專門負責跟用戶直接聯繫。EMC 唯一要做的事情，就是創造解決方案，滿足目前尚未滿足的用戶需求。一旦他們發現需求，8 至 10 人組成的小型工作團隊剛好夠靈活，可立刻集中精力，執行必須做的事，設法完成。

基本上，這些團隊手上的每個項目，都在顛覆營運方式，看似在系統中製造動盪，但由於海爾採行高效的「小 s」戰略，所有團隊具備深厚的營運專業知識，知道該如何完成工作。張瑞敏提到這麼做的好處是，「大幅縮短新的開發週期，原本需要半年的時間，現在幾個月或更短時間就會完成了。合作變得至關重要，如果無法為用戶創造價值，就拿不到報酬……依照海爾的 EMC 營運法，唯一的老闆就是用戶。每個人都關注用戶的需求。」[6]

　　EMC 的組織沒有硬性規定，大家之所以聚在一起，是因為有一個醒目的問題要解決。EMC 不執行遠大的公司戰略，比如「持續創新，在家庭冷暖氣業務成長」。相反地，EMC 必須找到重要的問題，創造強大的商業潛力，其中有一個問題，就是工程師雷永鋒在家用空調發現的[7]。2012 年，雷永鋒發現顧客常抱怨空調吹出的風太冷、認為這樣對身體不好，感覺也不舒服。雷永鋒組成一個團隊，最後產出天尊空調。

　　一般企業的創新模式，可能是行銷部門做了市場研究，或研發部門實現技術突破，所以有新的產品構想。無論哪一種情況，所謂典型的創新計畫，無非是源自某個團隊，然後在該團隊孵化完成，再進入下一個發展階段。這過程通常要依序進行，而且各個階段並沒有關聯。產品從構思到執行之前，產品概念或執行計畫早已非常成熟。至於海爾的產品，一開始先找出要解決的需求，然後再集結不同領域的人，各自發揮能力解決問題。

以天尊空調為例，這一切始於雷永鋒打開筆記型電腦，在海爾擁有 3,000 萬訂戶的社群媒體頻道上[8]，跟中國消費者互動時，提出一個簡單的問題。他問：「你們希望空調有什麼功能？」隨後獲得 67 萬則回應，雷永鋒終於找到一些線索，原來在空調這個領域有一些痛點，至今尚未獲得滿足。

在中國，全年都在使用空調，並且冷暖兩用，幾乎每個現代家庭都會買。然而，雷永鋒發現，大多數人只使用暖氣功能；冷氣功能隱含一個主要的痛點，就是吹出來的風通常太冷了。依照中國文化，寒冷對身體不好，甚至連冷水也不喝；根據中國傳統醫學，應該要喝室溫或微溫的水。除此之外，客戶還有其他抱怨，例如噪音過大，雖然開空調可以讓空氣流通，但充其量只是循環環境灰塵，2012 年中國汙染極度嚴重，導致客戶非常憂心。此外，客戶也擔心灰塵和細菌可能在機體滋長，更容易傳播疾病。最後，在家裡擺放獨立式空調，不僅體積大，也十分突兀——許多空調就跟冰箱一樣大——消費者覺得不雅觀，幾乎無所遁形。

天尊空調的設計，就是要解決這些痛點，不用管海爾的空調製造規格，EMC 團隊從頭開發全新的產品，因為他們知道，只要能證明有強大的商用，就能夠想辦法製造並上市。最後，天尊空調是纖細的立柱式設計，正中央有一個圓窗，整體外觀和功能有別於市面上的空調。圓窗充當風道，將室內空氣吸入，再混合空調的冷空氣與室內空氣，吹出來的風就不會那麼冷。

這臺空調還有空氣過濾功能，能夠測量空氣中的微粒水平，從圓窗就看得一清二楚，圓窗會隨著空氣品質，散發不同顏色的燈光。當空氣逐漸淨化，顏色就會從紅色變成藍色。最後，天尊空調連結行動 App，開放使用者遙控空調，比如可以趁下班前打開空調，這樣一回到家，室內就會有舒適的溫度。

該產品的特殊之處，除了創新的功能，也兼具跨部門的開發和滲透，跨越公司內部的各種職務。行銷部負責思考上市計畫和傳播，採購部正在針對各種組件，尋找合適的資源、零件和供應商，同時製造部也在應付生產的要求，客服部正在研擬售後服務。隨著各部門主管並行工作，他們會在各個領域間共享資訊，一旦出現分歧，就會加以解決。上市所需的時間，比一般產品縮短了一半，因為按照傳統的流程，每個部門要按次序，把工作交給下一個部門。

不僅如此，海爾所有的部門都直接與消費者接觸，以確保每一個產品開發階段，更貼近這些未滿足的需求，以免在過程中遺漏任何細節。所有元素形成一個強大的反饋循環，海爾的各部門，以及與消費者之間，幾乎是平行的連動反應。最終該產品以「涼爽，但不刺骨」為口號推出，把消費者意見直接融入行銷活動中。2013 年推出時，天尊空調刷新了中國空調單日銷售的紀錄。[9]

總體來說，海爾重視卓越的營運，以及跨職能的滲透性，所以透過持續的改進，還有不斷演進的系統，以極低的成本生產優質產品，這一切都多虧 EMC 之間互相學習和競爭。

## 如何輸出這個催化因子

「大 S」策略關乎議程設定，而「小 s」策略會提升營運敏捷度，通常可以推出更優良的產品，擴大商業影響力。「小 s」策略讓企業更有競爭力，進而在市場上靈活應變，把握良機。那麼，中國企業是如何實現「小 s」策略呢？

## 透過滲透性的組織結構，激發解決問題的能力

大多數西方企業偏向階層結構，劃分幾個業務單元，各有各的專長，分別負責特定的產品，但中國企業不一樣，通常是橫向結構，業務單元並不獨立，因此公司結構比較扁平，經常有跨層級和跨部門的交流。正因如此，中國企業內部的組織和部門，一向奉行滲透性的作業方式，能夠超越部門職能的限制——如果企業想快速擴張，一定要超越按職能劃分的侷限。

典型的專案管理，一切依序進行，某個部門先完成任務，再交給另一個部門，繼續向上疊加。中國的做法不太一樣，無論是哪個階段，跨部門互動的機會都特別多。因為中國企業知道，解決方案不一定依照功能劃分，相反地，滲透性的組織結構，讓大家齊力解決問題，更容易想出解決方案。

舉例來說，西方企業典型的產品開發項目，必定分成

幾個階段／門檻，一開始是研發部門完成產品設計，再交給供應鏈量產，接下來交棒給行銷部，決定消費客群及產品優勢，最後再由業務部接手，分送各個通路和經銷商，正式展開銷售。每個部門是獨立的，有各自要達成的KPI。

然而在中國，即便在產品研發階段，業務部也可能提出意見，建議有銷售潛力的產品規格。換句話說，每個部門在各個階段，都有機會參與和介入，逐步改進提案，讓公司營運更加敏捷，同時提升商業潛力。重要的是，KPI是大家共享的，通常會跟營收和銷售掛鉤。

如果套用在企業管理，不妨換一個更靈活的組織結構，或者鼓勵公司內部不同部門互相交流，創造更多協作的機會。

## 專注於幾個「小s」策略即可

說到卓越的營運和能力，涉及的範圍太廣了，端視業務的複雜度而定，所以不可能把每件事都做到世界頂尖。大家要學習中國企業，專注培養幾個獨特的能力，達到世界級水準即可，不妨在日常業務中，找出對公司影響最大的領域，專心發展這幾個精選領域。

獨特的能力不容易建立，不但需要時間，也要投入金錢和心力。然而，一旦專心投入，就可以維持高水準的表現，然後用 KPI 評估，讓每個團隊成員明白有什麼期望，怎樣的表現才算好。久而久之，這些獨特的能力會趨於穩定，成為競爭優勢。

### 鼓勵「嘗試與實踐」的心態，推出測試版

如果一個團隊勇於實驗、測試假設、建立反饋迴路（包括跟其他部門合作，或跟消費者合作），成果往往會更好。中國有一種常見的反饋迴路，非常有效，那就是推出測試版。

這在科技界很常見，但其他大多數行業尚未普及。反觀中國的品牌，從碳酸飲料和鞋類，再到家用電器和電子產品，都習慣限量推出測試版，例如，先在網路試賣、初步測試、試水溫或推出限量版。這使得企業能夠以小規模評估產品或服務，讓團隊在過程中學習，持續地改善上市計畫，並且加強長期能力，從而獲得必要的洞察，最後大規模上市。

### 隨時調整 KPI，衡量「小 s」策略背後的動力因素

當企業重視「小 s」策略，可以迅速轉移員工的焦點，把創造價值當成首要任務。大家經常誤以為，太在意敏捷度和彈性，就會犧牲穩定性和規模。

因此，大多數企業評估成敗，通常只看成長性、盈利能力和市占率，因為它們攸關更大的組織目標。這些無疑是關鍵的衡量指標，但主要是衡量「大 S」策略。如果企業重視「小 s」策略，就應該要反映在 KPI 上。這意味著假設公司的目標是提升應變力或加速上市，就該衡量開發流程和時間週期；如果目標是提升品質，零瑕疵就應該納入 KPI。

一般來說，有幾個最佳的要領需要記住。無論 KPI 是什麼，平常都應該拿出來討論。KPI 不只是數字，而是要貼近企業所推廣或實現的概念，也應該促進公司內部的對話，討論該如何加速實現 KPI 或消除障礙。

此外，同時要有好幾個 KPI，才能避免視野狹隘，除非有其他互補的 KPI，否則只關注單一的 KPI，恐怕適得其反。最後，KPI 應該簡明易懂，才可以引導和影響團隊的行動。

然而，組織仍要注重「大 S」策略，樹立大原則，以免本末倒置，把 KPI 看得太重要。我們回到海爾的例子，它的主要原則是滿足客戶需求，但海爾把細節交給工作團隊來決定，包括該如何達成這個目標，以及設定相應的 KPI。

# 注釋

1.　Paul Leinwand and Cesare Mainardi, "Creating a Strategy That Works", *Strategy + Business*, August 2016. https://www.strategy-business.com/feature/Creating-a-Strategy-That-Works

2.　Press Release, "GE Agrees to Sell Appliances Business to Haier for $5.4B", GE, January 15, 2016. https://www.ge.com/news/press-releases/ge-agrees-sell-appliances-business-haier-54b

3.　Zhang Ruimin, "Shattering the Status Quo: An Interview with Haier's Zhang Ruimin", interview by Aaron De Smet, et al. for *McKinsey Quarterly*, July 27, 2021. https://www.mckinsey.com/business-func%ADtions/people-and-organizational-performance/our-insights/shattering-the-status-quo-a-conversation-with-haiers-zhang-ruimin

4.　Zhang, "Shattering the Status Quo".

5.　Fortune Global 500 ranking, 2021. https://fortune.com/company/qingdao-haier/global500/

6.　Zhang, "Shattering the Status Quo".

7.　News Release, "Zhang Ruimin's Haier Power", Haier, April 22, 2014. https://www.haier.com/global/press-events/news/20140426_142723.shtml

8.　Bill Fischer, et al., "The Haier Road to Growth", *Strategy + Business*, April 27, 2016.

9.　News Release, "Zhang Ruimin's Haier Power".

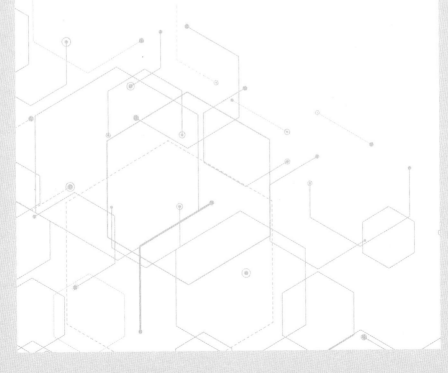

Chapter 8

# 催化因子六：
# 促進逆向創新

西方企業之所以努力創新，是為了改善產品和服務，引導顧客購買更高階的品項，提升消費水準。亞馬遜 Prime 訂閱制及 Nespresso 家用咖啡機，都是近期的經典案例，實現消費升級和高端化。這個趨勢主要是因為購物太便利了，全球中產階級對商品和服務的平均消費，已經沒什麼成長空間。因此，大家普遍認為，最簡單、最符合成本效益的方式，就是鼓勵現有的消費者購買高端的新產品，畢竟要吸引新用戶，恐怕成本高昂，會耗費比較長的時間，也需要換一個傳播方式和管道。

這種經營模式符合大家的直覺，卻錯失存在低階市場的獲利豐厚的機會，也無法滿足客戶迫切的需求。然而，像中國這樣的發展中國家，出於必要，只好走向「逆向創新」之路。逆向創新的核心理念，就是針對不太發達的新興經濟體，展開創造和創新，主要提供簡化或「夠好」的產品，開採社會經濟金字塔底部的黃金，同時提高這些人的生活品質。

「逆向創新」一詞誕生於 2009 年，出自美國塔克商學院全球領導中心第一位主任維傑・戈溫達拉揚（Vijay Govindarajan）。[1]大家稱他為「VG」，無論在戰略和創新領域，他都是公認的具有遠見之人。他出身印度，對發展中世界有深刻的了解，因此向奇異公司（GE）提議逆向創新。

第一步是針對不發達的新興經濟體，展開創造和創新，把握獨特的商業機會。第二步是在成熟和發達的經濟體，為這些低成本的替代品，開發創新應用，透過低價的產品，開發新的用途和用戶群，從而解鎖新機會。這種低成本的簡化產品，可以創造全新的收入流，一次囊括兩種市場，有可能涵蓋多重的新用戶群。VG 將逆向創新稱為「為眾人創造價值」，而非「物有所值」。[2]

逆向創新專注於簡化、精簡或「夠好」的產品，所以冠上「逆向」二字，否則產品開發的大原則，一向是追求高價值的專利和知識財產權。專利通常要耗費大量的時間，投入一大筆研發資金，企業卻覺得值得去做，因為這經常會提升戰略競爭力、市場價值，讓企業擁有防禦性的法律地位，以阻止競爭對手進入市場。然而，每一種專利的實際價值，終要在市場上和商界見真章。逆向創新顛覆了這個典範，證明除了防禦性專利和新發明，還有其他成功的關鍵。那就是針對大眾提供低技術的解決方案，如此高性價比的產品，反而有更大的市場機會，可望開拓新用戶和新用途。

如此一來，任何類型的企業，都有了全新的機會。比方醫療或生技產業，一向注重研發，不妨兩種創新並行，兼顧破壞性創新和逆向創新。至於不重視發明和創新的企業，大可利用現有的解決方案。對這些企業來說，與其承受發明和發現新事物的壓力，倒不如讓研發部門開發現在開放的技術，用更簡單、更實惠的方案，來滿足真正的客戶需求。說得更白一點，就連不長期投資研發的公司，也可以開創和撼動市場，顛覆整個行業，而且比起大舉投資研發的對手，獲利更可觀。

## 為大眾提供醫療服務

在逆向創新上，有一個知名的例子，正是奇異公司的心電圖機。奇異在美國銷售的型號，要價 50,000 美元，附帶一臺專用印表機。2010 年，奇異希望在印度和中國等市場成長，隨即發現大多數醫院根本買不起。此外，如果一個國家有大批低收入人口，醫療情況會截然不同。大部分人口住在農村，而配備精良的醫院卻位於現代化的城市。為了讓醫療服務普及，醫院經常派醫生到村莊出診，卻面臨新的挑戰，因為精密的診斷設備不好攜帶，即使可以攜帶，村莊大多沒有電力。因此，限制了醫師的診斷能力。

奇異透過創新來克服這些挑戰，它打造了一款心電圖機，便於攜帶、手持式、以電池供電，價格只要 500 美元，重量不到 8 盎司，使用小張收銀機紙捲即可列印。這款設備操作簡便，只有一個綠色開機鈕，以及一個紅色關機鈕，如此簡單的裝置，就改變了村莊診斷和治療心臟病的能力。

如今，這種便攜式心電圖機，在全球 150 個國家銷售，後來在已開發國家也找到了市場，主要是急救人員使用。這已經是美國救護車和消防車的標準配備，拯救無數的性命，因為先在急救現場診斷，後續的治療可以更準確。隨後，奇異在中國也用同樣的方法，開發一款便攜式超音波機，具備完整的功能，而且還附帶筆記型電腦，將成本從 10 萬美元降至 1.5 萬美元，目前包括美國在內，已經在 100 個國家銷售。[3]

在先進國家的一些企業（如奇異公司），正在擁抱逆向創新，但大多數企業卻沒有做到。許多跨國企業進入不太發達的市場時，不外乎走兩條路線，一是適應當地，稱為在地化，試圖改造現有的全球產品組合，以適應新興市場，或者期待消費者升級，適應全球化的產品。這兩條路一直限制著跨國企業，難以打進有大批低收入人口的市場，例如中國。試想，一款專為美國消費者設計的產品（依照 2021 年數據，美國人平均收入為 66,144 美元），如何適應年收入僅為十分之一的消費者，藉此大發利市呢？中國人平均收入為 32,189 元人民幣（約 4,966 美元，2020年數據）[4]，由此可見，如果企業願意逆向創新，對於消費者和經濟來說，就會像氧氣一樣重要。

隨著中國企業擁抱逆向創新，確實能夠在西方市場，與其他品牌和產品相競爭，甚至超越它們，因為大家都想要用明顯較低的價格，買到滿足自己需求的優質產品吧？因此，中國企業先針對國內市場，打造在地化的產品，然後再前進全球，大展銷售潛力。

## 人人皆可擁有智慧型手機和智慧生活

小米是一家智慧型手機和科技公司，由連續創業者雷軍聯手六位合夥人，於 2010 年在北京創立。在這之前，雷軍就創立其他科技公司，後來這些公司經營得很好，甚至被亞馬遜等跨國公司收購。如今，十多年過去了，雷軍仍是小米的掌舵人，小米已成為全球第二大智慧型手機製造商，以及物聯網領域的主要廠商，在全球 100 多個國家販售，每年營收達到 480 億美元，公司市值為 600 億美元，在全球擁有 33,000 多名員工。小米名列《財星雜誌》全球 500 強，是裡面最年輕的公司，排名第 338 位。就市值而言，小米可以媲美下列任何一家公司：Uber、通用汽車（GM）、高露潔─棕欖（Colgate-Palmolive）或瑞士銀行（UBS）。

雖然小米是智慧型手機和設備的領導者，但 2010 年它進入市場時，其實是從軟體切入，免費為 Android 手機提供作業系統。該作業系統為 Android 平臺增添更複雜的功能，例如更直觀的使用者介面、雲端備份和儲存，以及更優質的音樂播放器。雖然小米透過作業系統，擄獲一批忠實追隨者，但小米覺得要有自己的設備，來發揮這款作業系統的潛力。於是，首款小米手機誕生了，並在上市七年內，成為全球智慧型手機市場的大品牌，超越三星等老牌手機的銷售量。

華為、聯想、蘋果和三星等本地和國際品牌，已經稱霸手機市場，競爭如此激烈，小米是如何成功的呢？小米憑藉逆向創新，打造出更實用、更迎向大眾、更平價的產品。

小米手機 1 直接面對消費者（direct-to-consumer, DTC），省略昂貴的分銷和經銷費用，「以實惠的價格，提供優質的技術」。[5]執行長雷軍說，「我們必須遏止貪婪的天性。」[6]小米智慧型手機的利潤微薄，僅有 5％，遠低於同業標準的 20 至 50％，然而，這款手機設計優雅漂亮，讓 Android 用戶也能享受蘋果 iPhone 的精緻設計，只保留智慧型手機最常用、最重要的功能，例如直觀的介面、上網和相機。

小米強大的價值主張（value proposition），立刻吸引中國消費者的注意，供不應求。小米只好限制網路銷售，每星期只賣一天，反而掀起了媒體風暴，進一步擴大消費群，需求更加高漲。

即便如此，小米手機 1 在中國市場仍未觸及潛力最大的消費群。因此，小米在電商做出一點成績後，試圖走出城市的中產階級消費群。中國農村的消費者數量，超過城市的消費者，但由於缺乏寬頻基礎設施，負擔不起昂貴的智慧型手機，無法使用高速數據來上網，電子商務在農村地區還不是非常盛行。小米特地到社區開設門市，觸及這個市場，並且建立微型貸款制，方便消費者購買，把智慧型手機帶到中國農村消費者手中。在這些低階市場中，價值／價格主張更具吸引力，許多消費者因此買了人生第一部智慧型手機，參與中國正要開始的 4G 數位和電子商務革命。

在印度的智慧型手機市場，小米的價值主張依然有吸引力。印度的競爭情況看似不同，但消費者的需求是一樣的，不外乎為低收入的大眾，提供低成本、功能好的智慧型手機，讓他們能夠使用行動網路（因為缺乏有線網路設施）。2014 年小米手機 3 在印度上市，由於價格合理，眾所期待，發布那一天的網路流量相當可觀，導致有印度亞馬遜之稱的 FlipKart，其網站一度停擺。三年內，小米成為印度最暢銷的智慧型手機品牌，如今年度銷售額超過90 億美元。[7]

小米手機 4 是有史以來最暢銷的智慧型手機，在全球智慧型手機市場占有一席之地，許多人以為小米只是一家智慧型手機公司。然而，小米看到了機會，決定善用這個成功的公式，包括合理的定價、眾所期待的功能、「夠好」的產品、簡潔的極簡設計美學，應用到其他科技生活產品。他們計畫以智慧型手機為中心，建立一個互連的生態系統。小米突破性的產品，莫過於中國首款平價空氣清淨機。

如今，小米生產數百種物聯網產品，從智慧跑步機、電動滑板車、無人機、電視、筆記型電腦、耳機、音響，再到智慧手錶、淨水器、廚具、掃地機器人、照明系統，以及美容與個人保養設備和小工具。消費者購買一整套生態系統，其實是有好處的，因為小米手機可以充當多功能遙控器，而且比起其他智慧型手機，它操作起來更順暢，這都要歸功於小米獨特的作業系統 MIUI，適用於Android 平臺。

小米包括智慧產品和智慧家庭在內的生態系統，正如同小米的智慧型手機，也成功進駐大多數的中國家庭，否則「一般」比較昂貴的物聯網產品，可不是大家買得起的。我們甚至可以說，中國的家庭大多擁有一件以上的小米產品。然而，小米並不是低價品牌，也不是主打那些買不起高價品牌的低收入客群。反之，小米是暢銷品牌，擁有一些鐵粉，大家都知道小米物有所值、產品可靠、設計美觀，可以吸引任何收入水準的用戶。小米還懂得獎勵粉絲，讓粉絲搶先體驗新品或升級，在不斷擴大的生態系統中，牢牢地抓住粉絲的心。

小米五年來毛利的複合年均成長率（CAGR）為68.6%。相形之下，蘋果只有 11.1%，逆向創新的經濟效益不證自明。

## 中國電動車正要稱霸全球

比亞迪（BYD），即「Build Your Dreams」的意思，這是中國一家汽車和運輸公司，大家或許還沒有聽說過，但很可能在未來五年內，會駕駛它其中一款電動車。比亞迪最初只是一家小公司，員工僅有 20 人，專門製造手機的充電電池，不到十年就搶占一半以上的市占率。如今比亞迪旗下有超過 22,000 名員工，在全球六大洲擁有 30 個工業園區，專門製造電動公車、單軌列車和電動車，這些產品都仰賴比亞迪的充電電池技術專業。如果你曾在世界任何地方坐過電動公車，很可能就是比亞迪出產的，因為比亞迪是全球第一大製造商，全球每 5 輛電動公車中，就有 1 輛是比亞迪製造。[8]

比亞迪早已稱霸中國的電動車市場，現在即將入主全球市場。2003 年比亞迪收購陝西省西安市的秦川汽車，進軍汽車產業。西安以歷史悠久的兵馬俑聞名，而秦川是一家汽車製造商，主要車型是 2001 年上市的「飛躍」，這款小型的五門掀背車，經濟實惠。2005 年重新命名，改為比亞迪飛躍，成為比亞迪首款傳統汽車。到了 2008 年，比亞迪將充電電池技術應用於汽車，推出首款電動車。這是世界上第一款量產的插電式混合動力車，電池壽命比其他車輛更長，而且比美日製造的任何車輛還便宜。比亞迪是全球首家垂直整合的電動車製造商，同時生產電動車最昂貴的兩個零件，包括電池和專用電晶體，比亞迪正在實現遠大的目標，成為世界上首屈一指的電動車公司，以經濟實惠的優質產品，打進全球市場。

比亞迪在創新方面投入大筆資金，打造更實惠的電動車，比亞迪擁有的專利，比其他中國汽車巨頭還要多，但比亞迪進入市場較慢，能夠有這樣的成就，真是不同凡響。這是一個特殊的逆向創新案例，畢竟電動車和電池技術都還在發展中，不像一些逆向創新的技術早已成熟，可以直接簡化。對電動車來說，電池是最重要的，它攸關電動車的續航力、重量、效率；電池充電的時間，也會影響電動車的整體實用性；電池技術日新月異，電動車能否更換電池進行升級，也攸關其升級能力。這些都是買家在購買電動車時，不得不評估的核心要素。

技術平臺要稱霸市場，不得不走向開源，例如 Google 讓 Android 作業系統開源，微軟讓 Windows 作業系統開源。如果可以驅動產業界大平臺，就可以影響和引導未來的技術發展，讓企業在這個產業中擁有優勢，並且樹立行業的標竿。比亞迪全球霸業的基石，莫過於福迪電池。福迪在 2020 年成立，聚集了五家公司，一起向其他汽車製造商銷售電池和電動車零件，以建立行業標準。最重要的是，比亞迪想把刀片電池的技術銷售予其他製造商，這比目前的黃金標準鋰離子電池，價格低了 75%[9]。

逆向創新在汽車產品更明顯。比亞迪的設計、結構、風格和舒適度，都是逆向創新。比亞迪的乘用車只追求「夠好」，一切遵照汽車業的標準規格，但是在設計、材料和零件盡量簡化，以便降低成本，省下來的經費就可以花在電池創新。比亞迪展開逆向創新，自行開發引擎和變速箱，這是汽車製造的兩大核心技術，就連中國最大的汽車製造商，也經常依賴國際合作夥伴的合資企業。因此，就算比亞迪的車款不夠時尚，也缺乏令人驚豔的元素，像是超大觸控螢幕和高科技設計元素（如 Tesla 可伸縮車門把手），但比亞迪電動車的售價為 15,000 美元，相當於 Tesla 入門款的三分之一價格，物超所值。

比亞迪電動車配備先進的電池技術、合理的功能和舒適性，以及一些令人驚訝的高階功能，例如，在全球推出遙控技術，比戴姆勒和 BMW 早了三年，讓駕駛人能夠遠距啟動車輛、停車、倒車和前進或左右轉，車內完全無需駕駛員，這項功能非常適合狹窄的停車位，方便乘客上下車。車內的冷暖氣亦可遙控，在上車前預暖或預冷，並標配空氣淨化機，消除車內的 PM 2.5。擁有這麼多功能只要 15,000 美元！更厲害的是，電動車通常比傳統汽車昂貴，但比亞迪的電動車定價，竟然與傳統汽車差不多，這可以促進電動車在全球普及。

不僅如此，比亞迪也跟中國叫車 App 滴滴出行合作，專為共乘服務設計更低廉的車型。當你拜訪比亞迪位於深圳的總部，你會發現這個擁有 1,260 萬人的大城市（相當於洛杉磯和紐約），所有的公車和計程車都出自比亞迪。深圳的空氣清新，沒有典型大城市的噪音汙染；鳥鳴聲清晰可聞。對比亞迪而言，逆向創新不僅推動了尖端創新，開創新的用途，也拓展新的市場，中國乃至全世界，終將邁向更永續的運輸，以及更優質的生活。

2008 年比亞迪推出首款電動車，精明的美國投資者巴菲特，透過旗下波克夏公司投資 2.32 億美元，取得 10% 股權。[10]截至 2022 年 1 月，那一筆投資已價值 77 億美元。[11]有趣的是，這個數字是巴菲特在美國通用汽車股份的兩倍多。目前比亞迪的全球估值超過 1,000 億美元，成為世界上市值最高的 150 家公司之一。比亞迪憑藉電池技術知識，最近還跨足太陽能領域，外界不禁猜測，比亞迪會不會繼續轉型，先是從電池公司轉為運輸公司，然後再變身運輸和能源公司。

## 農業也參與數位革命

電商巨頭拼多多成立於 2015 年，你可能從未聽說過它。這是一個以農業為主的數位平臺和應用程式，讓1,600萬農民與消費者連結，堪稱中國史上成長最快的電商企業，自推出後兩年內，就達到獨角獸新創企業的規模，一舉超越阿里巴巴的淘寶；淘寶花了五年的時間才實現同樣的成就。

世上任何經濟體，農業一向數位化程度最低，但農產品對民生卻至關重要。這個創新平臺讓農民能夠參與中國飛速成長的數位經濟，拓展農民接觸消費者的管道，因為可以直接面向消費者，銷售額和利潤都增加了。拼多多擁有7.41億每月活躍用戶[12]，省略了複雜的經銷商、供應鏈和物流，因此，品項種類更多，價格更優惠，否則這些環節都會提高成本。

拼多多的介面簡單好用，適合缺乏數位App使用經驗的用戶。它採用照片和影片合一的格式，讓商家展示農場和農產品——從農場的故事、種植理念、種植條件，再到產品本身的詳細照片和資訊，例如怎麼烹煮或用於個人保養妙方，像是做酪梨面膜。消費者訂購全家吃得下的份量，農產品就會在一至三天內，從農場新鮮直送到家。自該平臺推出後，除了農產品以外，也開始販售有品牌的日常必需品。

拼多多還有一個有趣的特點，它利用社群媒體的力量，讓用戶將商品「釘」在社群媒體動態上，邀請他們的社交圈一起團購，享受極其優惠的價格。價格隨著購買量降低，有一些團購價格甚至比原價便宜 50 至 75%，最少 3 人即可成團——拼多多的用戶注重價格，而非品牌，自然覺得划算。團購限時 24 小時，於是為購買體驗注入緊張感，好像在玩遊戲。

拼多多善用分享和團購的元素，實現前所未聞的超低獲客成本，每位客戶平均只耗費 2 美元，反觀阿里巴巴的淘寶，每位客戶為 41 美元。[13]直播銷售進一步提升賣家和用戶的體驗。最後，拼多多也會鼓勵買家，在賣家頁面發布購物照片評價，以換取未來購物的獎勵金，一來提高賣家的可信度，二來提升買家的參與度。這一連串的用戶參與機制，讓七天留存率達到 77%，刷新中國所有電商平臺的紀錄。[14]

拼多多還投資「智慧」農業，提升農業的吸引力，讓年輕人才願意務農，而不是像過去幾十年，中國年輕人大多搬到城市找工作，追求中產階級的生活方式。此外，中國對農產品的需求劇增，如何提升農產量，對國家和社會來說至關重要。拼多多為了鼓勵青農，2020 年跟兩所國立大學及聯合國糧農組織合作，舉辦一場競賽，希望為小農開發符合成本效益的技術。如今這些技術已應用於番茄和草莓栽培，讓小農的管理能力成長一倍以上。[15]

因此，拼多多實現逆向創新，只結合現有的社群平臺、電子商務和團購的做法，設法變得更簡單，更容易使用，讓農民和農村消費客群一起參與數位革命，否則這些人通常沒有網路，仰賴蜂窩數據服務。拼多多有別於中國其他電商，打進了備受忽視的消費群。拼多多的用戶主要住在低層級的城市或農村社區，並且年齡較大、收入較低、教育程度較低，以及女性為主[16]——在這些家庭，女性通常會負責採買。

拼多多從社會經濟金字塔底層挖金礦，提供更低的價格和更新鮮的產品，改善了這些社區的生活，對於拼多多及在平臺銷售的農民也有利。2018 年拼多多在納斯達克上市，簡稱 PDD，估值為 200 至 240 億美元。到了 2022 年，拼多多的市值逼近 600 億美元，成為全球最有價值的公司第 280 位。[17]

## 如何輸出這個催化因子

看了奇異、比亞迪、小米、拼多多等公司的成功故事，我們可以從中國學到哪些原則，把握逆向創新所蘊含的機會呢？

### 從備受忽略的客群找機會

中國的逆向創新瞄準受到忽略的消費群，成為超級成功的商業案例。反觀主流的商業模式，總以為最大的商業機會，落在高收入和高社經地位的族群。一般企業常忽視可支配所得低或生活貧困的人，誤以為這沒有獲利機會，市場還不夠成熟，無法支持創新。然而，逆向創新向大家證明了情況剛好相反，這群人有太多未滿足的需求，如果是在發展中市場，通常會更可觀。如果有那麼多人的需求尚未滿足，何不利用創新來解決真正的問題和需求呢？這確實可以在社會經濟金字塔的底部挖到黃金。

雖然這群人的需求看似基本，例如享受醫療保健、乾淨的水源、良好的營養，但不代表企業無法發揮貢獻，也不代表只有滿足基本需求這麼簡單。

回到奇異的案例，方便醫師做診斷，提升醫療的品質，雖然只是基本需求，但逆向創新仍發揮重要的影響力。至於小米的案例，智慧型手機技術更是革命性的技術，可以大幅提升這些人的生活品質，因為有了智慧型手機，就可以查資料、訂購商品和服務，否則他們可能還要再等幾十年，才能接近或獲得這些資源。

## 擁抱低利潤策略

基本上，逆向創新是一種低價簡化的提案，以便滲透和擴散。大家要記住 VG 教授的話，這是為眾人創造價值，而不僅僅是物有所值。如果企業對業界的標準利潤抱持期望，可能會感到失望或打消上市的念頭。這種商業機會並非不好，只是成功的關鍵在於薄利多銷。需要盡量讓產品流入市場，盡量拓展用途和應用。因此，這樣的利潤及最終產生的盈利，將會與同業不同，不太可能滿足同業的標準。

更何況要達到夠低的價格，實現逆向創新，還要簡化產品及其價值鏈，以便節省成本。例如，小米直接面向消費者，不像其他同業依賴經銷商或業務代表。簡化價值鏈，就不會有那麼多人分杯羹，多節省一分錢，就能賣得更便宜一點，以回饋買家。

然而，如果邊際利潤極低，便會出現一個營運風險，一旦產品零件或供應鏈任何要素的價格大漲，就沒有太大的緩衝空間，來吸收這些成本波動。以小米為例，智慧型手機業務的利潤率為 5％，一般同業標準為 20 至 50％。如果價值鏈的重要元素水漲船高，可能會削減了利潤。因此，這些企業通常會垂直整合，盡量控制產品價值鏈中的關鍵原料。

## 專注於高價值用途，而不僅是便宜

在中國商業界，逆向創新成功的案例不成比例得多，致力於提供最眾所期待、最常用的產品功能，只留下最基本的元素，為用戶創造最大的用途。功能減少，成本自然降低，然後把省下來的錢回饋用戶。

然而，這個價值方程式，不只是推出更便宜的產品，還要兼顧實用性，以及符合消費者的期望。首先，你必須認識用戶，確認有哪些元素和功能關乎實用性。例如小米的智慧型手機產品，大多數小米客戶是第一次購買智慧型手機，所以致勝的關鍵在於介面好操作，減少新用戶的學習曲線。

　　至於比亞迪的創新，包括更優良的技術，雖然降低了成本，但舒適度不打折扣，加上續航力長的電池，推出入門級價位的電動車。此外，電動車不僅更環保，從長遠來看，因為零件比較少，擁有和維護的成本通常也比較低。因此，比亞迪電動車不僅把現有和潛在的駕駛人轉換到新平臺，還透過低成本的電動車，顛覆了計程車和共乘的經濟模式。

## 實現逆向創新的雙向潛力

　　當企業展開逆向創新，往往會實現兩大機會：一是滿足尚未開拓的市場，從社經金字塔底部挖黃金，二是憑藉新產品或新服務，吸引較富裕的消費群，或者進軍更發達的成熟市場，拓展新用戶及新用途。

　　還記得奇異公司針對新興市場的農村，開發便攜式的心電圖機嗎？這個逆向創新後來改革了美國本土醫療，成為急救人員的便攜式診斷設備。想一下拼多多，它透過遊戲化的社群電商 App，實現農業數位化，為農民建立直接面向消費者的管道。雖然拼多多起初是針對農村用戶，但由於其強大的價值主張，逐漸受到中產階級城市消費者的青睞。

再進一步想像，把這種創新應用在歐美國家，讓消費者買到一般超市沒有販售的產品或食物，例如，從農場直送的新鮮乳製品，或者來自其他地區的手工食品。小米在中國販售智慧型手機和物聯網產品，證明低成本的產品可以在國內和國外市場（如印度），同時服務高收入和低收入的消費者。

逆向創新的商業潛力非常大，不只是初始的應用。這就是為什麼可以展開雙向開發；起初以新興經濟體為主，隨後可以進軍其他類型的經濟和市場，一網打進多重的用戶和用途。

## 結合創新與逆向創新

破壞性創新或技術突破，一旦與逆向創新結合，會帶來更吸引人的產品。以比亞迪為例，比亞迪無疑領先業界，展開遠大的電池創新計畫。這是為了拉長續航力和縮短充電時間，大幅改革電動車的功能。但是，為了成為全球電動車的領頭羊，電動車必須讓人人買得起。比亞迪設法提供合理的功能性和舒適度，滿足消費者期望，而且價格又要親民。此外，比亞迪將一些關鍵的電池技術開源，推動產業發展，成為整個產業的領導者和影響者。

　　小米智慧型手機在作業系統上創新，把 Android 介面變得簡單好用，然後把手機功能簡化，僅提供最常用的功能。小米結合真創新與逆向創新，以超誘人的價格點，巧妙融合消費者的渴望與實用性。

# 注釋

1. Ariel Tung, "Reverse Innovation to Define a New Phase of Globalization", *China Daily*, August 6, 2012. http://usa.chinadaily. com.cn/epaper/2012-06/08/content_15488024.htm

2. TEDx Talks, "Vijay Govindarajan: Reverse Innovation", YouTube, published March 2012, accessed July 2021.

3. Tung, "Reverse Innovation".

4. Statistics, People's Republic of China, Household's Income and Per Capita Expenditure in 2020, January 19, 2021. http://www.stats.gov. cn/english/PressRelease/202101/t20210119_1812523.html

5. Haiyang Yang, et al, "How Xiaomi Became an Internet of Things Power- house", *Harvard Business Review*, April 26, 2021. https://hbr. org/2021/04/how-xiaomi-became-an-internet-of-things-powerhouse

6. Yingzhi Yang, " Xiaomi CEO Lei Jun's Rather Counter-Intuitive Success Formula: Don't be Greedy", *The South China Morning Post*, April 9, 2019. https://www.scmp.com/tech/article/2140644/xiaomi-ceo-lei-juns-rather-counter-intuitive-success-formula-dont-be-greedy

7. Counterpoint, India Smart Phone Market Share, February 8, 2022. https://www.counterpointresearch.com/india-smartphone-share/ reliable

8. Editorial Staff, "The pandemic doesn't stop the European e-bus market: +22% in 2020", *Sustainable Bus*, February 19, 2021. https://

www.sustainable-bus.com/news/europe-electric-bus-market-2020-covid

9. Gustavo Henrique Ruffo, "BYD No Longer Hides its Strategy to Rule the World", *Inside EVs*, April 9, 2020. https://insideevs.com/news/408757/ byd-strategy-rule-ev-world/

10. Rey Mashayekhi, "13 Years After Investing in an Obscure Chinese Automaker, Warren Buffett's BYD Bet is Paying Off Big", *Fortune*, March 2, 2021. https://fortune.com/2021/03/02/warren-buffett-investments-berkshire-hathaway-byd/

11. Russell Flannery, "Sales at Warren Buffet Backed BYD Tripled in December Adding to Big Gains by China Makers", *Forbes*, January 3, 2021. https://www.forbes.com/sites/russellflannery/2022/01/03/ ev-sales-at-warren-buffett-backed-byd-tripled-in-december-adding-to-big-gains-by-china-makers/#:~:text=Berkshire%20Hathaway%20 holds%20225%20million,the%20Hong%20Kong%20Stock%20 Exchange.

12. Palash Ghosh, "Pinduoduo Is Now China's Biggest E-Commerce Platform As Billionaire Chairman Colin Huang Steps Down", *Forbes*, March 17, 2021. https://www.forbes.com/sites/ palashghosh/2021/03/17/pinduoduo-is-now-chi%ADnas-biggest-e-commerce-platform-as-billionaire-chairman-colin-huang-steps-down/?sh=45f8d6ae62b1

13. Elad Natanson, "The Miraculous Rise of Pinduoduo and its Lessons", *Forbes*, December 4, 2019. https://www.forbes.com/sites/ eladnatanson/2019/12/04/the-miraculous-rise-of-pinduoduo-and-its-

lessons/?sh=fb51a11f1300

14. Natanson, "The Miraculous Rise of Pinduoduo and its Lessons".

15. Global Newswire, "Pinduoduo Deepens Agricultural Digital Inclusion Efforts", *Yahoo Finance*, March 21, 2022. https://finance.yahoo.com/news/pindu-oduo-deepens-agricultural-digital-inclusion-111200689.html

16. Kirk Enbysk, "How Pinduoduo Became the #2 eCommerce Marketplace in China", *ApplicoInc*, 2018. https://www.applicoinc.com/blog/how-pinduoduo-became-the-2-ecommerce-marketplace-in-china/#:~:text=Pinduoduo%20is%20the%20fastest%2Dgrowing,years%2C%20respectively%2C%20to%20accomplish.

17. Companies Market Cap, Pinduoduo, April 2022. https://companiesmarketcap.com/pinduoduo/marketcap/

Chapter 9

# 催化因子七：
# 加速數據化，
# 刺激企業發展

在中國，數據已經跟商業各層面充分整合，根本不需要獨立的數據策略。數據本身，就是策略。反之，世界其他地區的大多數企業，只是把數據收集和分析當成業務範圍，不太可能是企業的核心。

為了更能理解數據作為工具，與數據作為策略的區別，請思考一下體育運動。[1]如果把從商看成籃球比賽，在數據方面，歐美企業採取的競爭策略，大多偏向防守，靠數據來分析比賽和動作，然後進行防守。在這種情況下，數據就好比籃球，而企業站在籃球場上，回應對手的動作。

然而，商場不像籃球場，因為商場的數據會延遲。大多數企業收集的數據，整理成每週或每月一次的報告。這些報告會洞悉趨勢，加以分析，並基於這些趨勢，預測未來的動向或走向。當數據策略以防守為主，數據是有侷限的，只會呈現市場、競爭對手和客戶資訊的歷史紀錄。從歷史角度來看，這當然有價值，但價值有限。歷史經常重演，有固定的模式，所以有了這些資訊，企業能預測競爭對手的未來行為，並進行防守。可是，如果只是這樣使用數據（許多公司確實如此），企業會落後一步，只懂得被動反應。用這種方式比賽，球隊或企業皆難以領先，因為大多數的體育項目，都有賴強大的進攻能力，這才是最佳防守策略。

許多中國企業發現，靠數據進攻正是致勝的策略。不僅僅是贏得勝利，還要讓競爭對手遙遙落後，毫無追趕上來的機會。這是因為當數據成為制勝的策略，企業會變得無所不知，對於瞬息萬變的市場和消費者需求，可以超迅速反應。數據成了發展引擎，成功推動企業發展，提升企業表現，徹底改變遊戲規則，並建立長期的競爭優勢。

這絕非科技公司的專利。事實上，數據作為策略，正在改變中國許多非科技行業。數據作為策略，在商業界的影響力十足，尤其是有機會做差異化競爭的領域，例如消費者和客戶分析、業務和行銷、營運效率。以這種方式使用數據，可以評估成果（偏向防禦和歷史），更能決定什麼該做或可以做（偏向進攻和即時）。這就好比是執行長，一邊要造車，一邊要駕車。阿里巴巴馬雲所謂的「新零售」，就有這個特色，未來有競爭力的企業，都必須立足於這個資料分析框架。在新零售時代，企業會善用客戶關係管理（CRM）、即時數據和人工智慧，不斷了解他們的客戶和營運狀況，全面掌握成長和獲利的關鍵動力。

## 元氣森林是科技公司或飲料公司？

　　元氣森林食品科技公司的創辦人唐彬森，就是這樣一位執行長。他當過程式設計師和遊戲公司高層，2014 年以 4 億美元出售手上第一家手遊新創公司，從此發現科技和數據的力量，可以在消費者世界掀起革命。他知道中國在電商、遊戲和社群領域，已經有一些大企業了，而且數位平臺的發展程度很高，但是跟美國等國家相比，中國的生活品質仍差了一大截。他認為中國不是缺乏技術（甚至在某些層面，中國還領先美國），只是缺乏優質的本地品牌。2015 年唐彬森在給公司內部的一封電子郵件寫道，「中國不需要更多好平臺，但確實需要好產品」，他所謂的好平臺，顯然是在暗示百度、騰訊和阿里巴巴等。[2]

　　唐彬森關注品牌和消費產品，結果發現所有持續增長的大型產業，唯獨快速消費品（FMCG）停留在傳統模式，特別是食品和飲料領域，並沒有發揮技術和數據的潛力。唐彬森並沒有待過快速消費品產業，也沒有食品飲料的經驗，但中國企業家經常如此，他看到的是一個機會，可以憑藉技術和數據來顛覆消費產品。唐彬森將目光投向飲料業，試圖在中國，一舉擊敗稱霸全球和中國市場的可口可樂和百事可樂。

為了實現這個目標，唐彬森的策略以數據為本。元氣森林的營運模式，其實偏向科技新創公司，反而不像快速消費品公司。首先，元氣森林建立一個創新產品管道，公司開發新品時，會關注社群媒體的新趨勢。既然產品管道已準備就緒，就可以快速推出一系列飲料產品，這麼快的節奏，通常只存在科技產業。長期的銷售和趨勢數據，決定新產品的上市時機，如此一來，新產品會在正確的時機推出，亦即趨勢已經形成，可以善加利用的時候。工廠都是租來的，以確保製造的靈活度。

果不其然，元氣森林也決定直接面對消費者，以網路銷售為主，簡化了市場路徑，一次略過經銷商網絡與典型的零售管道（例如超市及便利商店）。元氣森林主打社群媒體和社群商務，這兩個既是行銷管道，也是銷售管道，可以建立品牌和刺激消費需求。元氣森林投入買氣熱絡的網路購物節，與知名的數位網紅合作，一舉在關鍵購物季，成為最暢銷的飲料品牌，進一步提升旗下當紅飲料的形象和成長動能。

不到五年內，元氣森林迅速擴張，旗下的無糖汽水、奶茶和能量飲料，銷售到中國和其他 40 個國家。2020 年銷售額達到 12 億美元，這種以數據驅動的獨特商業模式，獲得高度評價，讓公司估值達到 60 億美元[3]。提供大家一個比較的基準，2020 年可口可樂所有品牌的總收入為 375 億美元，在全球的市占率為 48％。雪碧是全球銷量前十名的汽水品牌，遍布全球 190 多個國家，其全球年銷售額與元氣森林的估值差不多。

## 對數據飢渴的新零售，讓速食變得更聰明

數據激增代表企業和品牌不再以產品為中心，逐漸走向消費者本位，這在中國興起獨特的消費者體驗。阿里巴巴創辦人馬雲提出「新零售」的概念，為其他市場打開了一扇窗，展示真正順暢零阻力的逛街和購物環境，任由消費者去發揮、調整和訂製。事實上，新零售的最終目標就是個性化（消費者想怎麼買，想怎麼擁有，都沒有問題），可能連傳統零售門市都沒有。新零售渴望數據，隨著人工智慧加入，新零售的數據愈來愈聰明，會自主學

習，並且不斷改進。如果新零售繼續這樣發展下去，電子商務不久會淪為傳統，被新零售取代，成為主流的消費者體驗。

雖然速食店看似跟新零售不相關，但中國速食店整合新零售的概念，有了不尋常的改變。再次重申，全球速食產業通常不走高科技的路線，速食店傳統的商業模式，仍講究便利的店址、食品的品質、持續高效的滲透性廣告，這才是速食店主要的經營手段。然而在中國，數據作為策略，已經顛覆了遊戲規則，有一家公司正遙遙領先。

現在中國最大的速食企業是百勝中國，經營塔可鐘（Taco Bell）、肯德基和必勝客等品牌。百勝發源自美國，但是在 2016 年，百勝中國分拆出來，成為中資企業。自那時起，百勝中國斥資建立數位生態系統，以數據作為策略，成了中國新零售和數據驅動產業的創新領導者。

中國速食業的成長引擎，正是一整套數位生態系統，包括肯德基和必勝客的超級 App，以及截至 2019 年底 2.4 億中國使用者。這些應用程式提供沉浸式體驗，可以提高用戶的黏性，讓品牌在各式各樣的話題中，與消費者互動，不僅是食品，還有音樂、體育、遊戲和娛樂。每個

App 都提供個性化的數位功能，如優惠券和禮券、VIP 會員資格、電子商務、各種支付選項和企業社會責任活動。這些數據帶來豐富的分析資料，可以洞察客戶、城市和門市，推動高度差異化和更高效的經營模式、店址和菜單。由於數位行銷占百勝行銷支出的 60％，即時數據會基於消費者偏好，靈活操作行銷活動，瞄準目標顧客。百勝會即時調整行銷計畫，比以前更快建立知名度和忠誠度。百勝以數據作為策略，可以更有效地操控速食商業模式的關鍵元素。

2019 年百勝更進一步，以數據展開創新，AI 為每位顧客展示菜單和提供建議，而且順應各地口味，提供個性化的顧客互動和交易機會。AI 驅動的菜單，成功將每單平均消費額提高 1％，相當於每年大約 8.4 億美元的炸雞和披薩。[4]

然而，數據和 AI 不只跟行銷和刺激銷售有關，也幫助百勝中國預測消費的需求、減少食品浪費、推動菜單創新、優化供應鏈管理，並提升外送和店內營運的效率。至於外送，AI 負責安排訂單的烹飪和準備時間，包括食物和飲料在內，以維持食物的熱度與飲料的冷度。AI 驅動的派送系統和物流，把顧客、外送員和商店之間的關係變得更順利。

後臺營運也善用 AI 技術，來改善銷售預測，就可以做好庫存管理和店內的人力安排。百勝自己量身訂做的演算法，可以看出商店數據的變化趨勢，例如店址、銷售表現、天氣、促銷活動和假期，以便快速重新分配資源，投注到新的職務和增長領域。此外，百勝也計畫推出智慧手錶，方便店內經理密切監控餐廳的訂單和服務狀態，趁著還沒形成服務瓶頸之前，盡快發現和糾正問題。

在店內，科技會打破常規，為顧客提供沉浸式體驗。機械手臂送上冰淇淋，顧客用手機控制背景音樂。[5] 有很多分店不靠收銀員點餐或收銀，因此在餐廳前面，你看不到顧客以外的人類。顧客在互動式螢幕下單，由聊天機器人處理，並且完全無現金，只接受數位支付（憑藉 AI 驅動的臉部辨識軟體）。如今，無論是外送或店內消費，有超過六成的訂單都透過數位下單。[6]

對百勝中國來說，顧客每一次跟肯德基和必勝客品牌互動，這些科技和 AI 會變得更精準，更加個性化。百勝中國善用創新的科技方法，帶動食品和飲食服務轉型，

2020 年榮登《快公司》（*Fast Company*）年度全球最創新公司，並入選中國十大最創新公司。很少有餐廳出現在這兩個名單，一般都是由科技、製藥、新創企業包辦。

2016 年從美國母公司分拆出來，百勝中國成長了不少。截至 2021 年 3 月 31 日會計年度，淨收入年增 72％以上。[7]百勝中國在紐約證券交易所的股票價格（代碼 YUMC），從 2016 年 11 月的 28.14 美元，一路飆升到 2021 年 8 月的 61.44 美元。[8]

## 數據驅動的科技，實現快速到貨

在美國和歐洲部分國家，亞馬遜 Prime 會員每年支付 119 美元的會員費（根據 2021 年 8 月的資料），就可以享受隔天到貨的服務。2014 年推出 Prime 服務時，簡直顛覆了傳統零售業，歐美消費者的購買習慣加速轉型，從線下向線上轉移。推出七年後，一些商品的到貨時間甚至縮短到幾小時，當日即可送達。

反之在中國，到貨的計時單位並不是小時，而是分鐘。從電商網站或食品外送平臺下單，平均 30 分鐘內即可到貨，包括一系列的生活用品，到平面電視、運動鞋，甚至是一杯咖啡。無論訂單金額多小，貨物體積多大，都可以即時送達。中國消費者活在趨向零阻力的購物世界，送貨時間已經是消費者考慮的重點。有許多平臺和廠商可以選擇，誰能最快到貨，就會贏得訂單。

消費者有這種期望，加上產業界承諾快速到貨，不知不覺危害送貨司機的安全。企業藉由計時演算法，以及對司機的獎勵計畫，盡量縮短送貨時間，以致他們有時寧願冒著受傷，甚至是死亡的風險，置身危險之中。雖然民眾和政府呼籲改革，但客戶又希望快速到貨，自從 2016 年，企業開始採用自動駕駛車輛送貨，才能縮短平均送貨時間，同時確保安全。

到了 2020 年，疫情大流行期間，證明自動送貨是理想的解決方案。拜疫情所賜，亟需零接觸送貨，因而加速自動化送貨普及。自動送貨服務，採用自動駕駛車隊，開始廣泛部署，尤其在新冠肺炎的爆發地中國武漢，紛紛採用零接觸送貨，向武漢市第九醫院運送醫療用品。2021 年中國電商公司京東，將自動送貨服務拓展到 200 個城市，提供「分鐘級」送貨服務。同年，中國盛大的 618 購物節期間，京東有一位顧客付清剩餘款項後，只過了 4 分鐘，自動送貨系統就把保養品送到消費者手中。[9]

阿里巴巴技術長程立表示，「數位時代來臨，自動駕駛技術逐漸成為核心技術。」[10]對其他國家來說，自動送貨依然像科幻小說的情節，可是在中國的電商產業已經是產業標竿。以自動駕駛載具送貨本身，就已經很厲害了，而這背後有數據因素，所以這項技術不只是新奇，還具有商業化的應用潛力。雖然自動駕駛載具無需人工操作，送貨過程更安全，解決了貨運司機的安全問題，但這並非縮短送貨時間的唯一關鍵。比起一般車輛，它並沒有行駛得更快，也可能遇到塞車。因此，縮短送貨時間，是因為由數據驅動的智慧配送中心系統，極為在地導向，為未來的訂單預先存貨。即時數據會不斷更新，當地配送中心會根據當天的購物模式、鄰里人口統計數據、常用的商品類型，掌握好庫存的類型和數量。每個社區的狀況都不盡相同。想像一下，住在郊區的家庭，可能希望在幾分鐘內收到尿布，而住在城市的年輕人，可能想快一點收到化妝品，晚上外出就可以換個妝容。每天會依照即時數據多次調整庫存，把庫存管理提升到新的層次，實現了「及時」管理，可以更快完成訂單。

隨著大家逐漸注重司機安全，加上疫情期間需要零接觸送貨，無疑加速自動送貨普及，而且多虧了數據，解鎖這項創新的商業影響力，透過縮短送貨時間，讓購物體驗愈來愈順暢，創造實質價值。

## 數據作為策略，快時尚走向即時零售

除非你是注重時尚的 Z 世代女性，否則可能沒聽過 SHEIN（發音為 she-in），這家僅限網購的快時尚公司，超越了無處不在的 Zara 和 H&M。SHEIN 是在中國發跡的企業，卻非主打中國市場。SHEIN 向全球 220 個國家出貨，其最大的市場在美國，其他強勢市場還包括歐盟、俄羅斯和中東。

2021 年 SHEIN 旗下的行動 App，在美國擁有 700 多萬每月活躍用戶。[11]Google 統計數據顯示，用戶搜尋 SHEIN 的次數，是 Zara 等西方品牌的三倍。在 TikTok 上，#shein 的標籤吸引超過 62 億次觀看。這家企業的成長動能驚人——SHEIN 的銷售額每年都在翻倍，已經連續八年了。那麼，SHEIN 為什麼成長如此迅速，除了鎖定 Z 世代群體和僅限網購，與其他快時尚品牌相比有何不同？SHEIN 的三大成功因素，包括速度、價格和遊戲化，正在改變快時尚產業的遊戲規則。

SHEIN 出奇制勝的第一個因素，就是上市速度超快。速度，無疑是快時尚的核心原則，而 SHEIN 的營運速度無人能及。Zara 是快時尚的開創者，從時裝秀獲得靈感後，大約兩至三週就可以上架。自 1990 年代以來，這種時效一直是快時尚的黃金標準，當時大多數的品牌和百貨公司，每年只推出兩、三次新品，因此 Zara 的做法特別突出。Zara 商業模式的主要動力，莫過於靈活的供應鏈，秉持及時制度（just-in-time manufacturing）。這個做法源自日本汽車製造業，後來應用於紡織品和服裝。

SHEIN 是快時尚新秀，擁有靈活的中國供應鏈（也依賴及時制度），確實有速度的優勢，但供應鏈並非加速的主力，數據才是。SHEIN 的亮點，在於數據驅動的客戶分析，能夠更快發現市場趨勢，加速回應，並在社群媒體貼文的七天內發布最新的流行款式。假設一位 Z 世代網紅，在 TikTok 展示某一種流行風格，SHEIN 可以在一週內上架銷售。SHEIN 憑藉著數據分析，每天推出 2,000 個存貨單位（SKU），相形之下，Zara 每個月只推出 1,000

個新存貨單位。[12]

　　事實上，這些數據分析才是商業引擎，一方面在社群媒體搜尋流行時尚，另一方面在自己的粉專舉辦行銷活動，即時累積有關受眾和產品組合的數據。SHEIN 運用獨特的聯盟計畫，小網紅只要刊登 SHEIN 的穿搭貼文，可獲得推廣品牌的佣金。點讚、分享和評論等動作，都可以累積即時分析。SHEIN 與凱蒂・佩芮（Katy Perry）、海莉・比伯（Hailey Bieber）、納斯小子（Lil Nas X）和亞拉・沙希迪（Yara Shahidi）等名人合作，深入了解客戶群的其他面向和個人特徵。SHEIN 每週還會在 Instagram 舉辦一次直播秀，並且在全球不只有一個 Instagram 或 TikTok 帳號，而是針對不同國家，分別經營不同的帳號，仔細認識每個市場和客戶。這些數據都成了實用的分析，可以發現正在流行的時尚和風格，有別於其他快時尚品牌只是盲目模仿，單純依賴時裝秀的靈感。

　　對於 SHEIN 來說，快時尚產業的另一個動力就是價格。價格，一向是快時尚的基本承諾——以更低的價格，穿出時裝秀的風格。Z 世代對於價格又格外敏感，這可是決定性的因素，因為追求時尚的 Z 世代，可支配收入較低，卻渴望新穎時髦的打扮。SHEIN 在這方面，大大滿足消費者，以 Zara 或 H&M 為例，一件夏季連衣裙的平均價格大約是 30 美元，而 SHEIN 提供類似的裙子，只要一半的價格。大家可能覺得奇怪，SHEIN 明明誕生於中國，卻不在本土市場競爭。因為在中國，一條 15 美元的夏季連衣裙並沒有競爭力，所以 SHEIN 打算稱霸海外的快時尚市場，發揮價格優勢。

SHEIN 擁有低價優勢，主要是因為掌握中國製造，由於營運中心鄰近生產地點，比全球其他快時尚品牌更有優勢。SHEIN 發展出獨特的製造策略，依據以數據為主的系統，淘汰表現不佳、產能不足、庫存管理過時的工廠，以換取穩定的需求。這對雙方都是一場勝利。SHEIN 不必擁有這些工廠，卻能夠成功掌握產能，確保供應鏈穩定。工廠業主 100％擁有工廠，試著分析消費者的即時偏好，管理以數據為本的業務，從而提升營運能力。

最後，SHEIN 從遊戲和電商獲取經驗，將整個購物體驗遊戲化，所以變得很有吸引力，這也是另一個數據來源，以便展開分析和行動。SHEIN 採行積分獎勵制，獎勵用戶的特定行為和聯盟行銷（affiliate marketing）。用戶為了獲得積分，必須每天簽到，或者發表產品評論，養成每天主動使用的習慣。此外，執行小任務（如電子郵件驗證）或更大的任務（參與特殊挑戰，如發布「SHEIN 購物分享」影片，用戶從 SHEIN 購買許多衣物，並自創穿搭），也可以獲得積分。積分具有貨幣的價值，每累積 100 點，可以在 SHEIN 折抵 1 美元。遊戲化的設計可以鼓勵用戶多互動，創造更多數據，讓 SHEIN 更了解客戶和產品。這是提升參與度和品牌全知（brand omniscience）的良性循環。

SHEIN 善用數據作為策略，掌握快時尚的所有動力，將快時尚轉化為即時零售。如今，SHEIN 的市場估值高達 150 億美元，在 2020 年就超越 Zara。

## 如何輸出這個催化因子

我們看到了元氣森林、百勝中國、電商自動送貨，以及 SHEIN 即時零售的案例，可見無論任何行業，如果想要提升到新的層次，都必須從數據下功夫。當企業靠數據來進攻，可以為消費者和股東創造更多的價值，因為這麼做能夠超越競爭對手，做好產品區隔，享受長期的競爭優勢。那麼，如何輸出這種「中國化」的數據分析，把數據當成進攻策略呢？

## 提早收集數據

推出測試版，在中國是家常便飯。就算產品或服務尚未完善，廠商仍勇於上市。測試版的概念並非源自中國，而是源自美國的軟體產業，後來矽谷的新創企業紛紛採納。然而，這種做法在中國已是常態，不僅在新創企業，無論是大公司或小公司、成熟產業或新興企業都在做，因為中國企業知道搶先上市真正的價值，不在於爭取早期採用者，或者獲得市場首發地位，而在於數據。這在很多產業都說得通，不管是飲料、美妝產品、金融科技或應用程式。提早收集數據，搶先競爭對手進行用戶分析，然後迭代升級。即使所有問題仍未完全解決，測試版上市後，有助評估是否解決了消費者的需求或問題，然後以消費者為中心來打造產品，把優化的產品大量生產，這通常會帶來競爭優勢，提升商業影響力。

中國一些大企業或大品牌也經常推出測試版，讓一小群粉絲或網紅先試用全新或更新的產品。中國叫車 App

滴滴出行，規模是其全球競爭對手 Uber 的三倍多，經常向 VIP 客戶、常客推出新功能。這不是測試版，而是一種獨家精選服務。客戶會感覺受重視、有影響力，廠商也可以獲得數據來改良服務，然後再推廣給其他沒那麼寬容的用戶群，因為那些人的要求特別高，有任何糟糕的體驗都可能轉換品牌。

雖然推出測試版確實有風險，但提早收集數據的好處，已經超過潛在的不利因素。千萬不要誤以為，在中國可以隨便推出低水準的產品。測試版是為了收集數據，讓產品變得更有吸引力。因此，我們要向中國學習的正是提早上市，為迭代和優化的成功之路做準備。

### 善用即時數據，驅動即時反應

如果你已經在市場上，或即將進入市場，一定要設置專門即時收集數據的部門。無論你的業務簡單還是複雜，無論是大型跨國公司或本土企業，都要盡可能即時收集數據，把延遲降到最低，遇到緊急情況時，就可以善用你收集的數據，立刻採取行動，讓企業發展得更好。

收集即時數據有很多形式，例如在企業內部整合多重的數據系統，或者在相關社交平臺上，積極與消費者互動。此外，也可以觀察社群媒體，發現流行的話題和標籤。無論哪種形式，都要以消費者為中心。

當企業做好即時分析，對消費者的洞察力會提升到新的層次，可以即時回應，成功預測消費者每個階段的需求。當企業從滿足消費者的需求，提升到預測消費者的需求，無疑會超越競爭對手，甚至在產業樹立新標竿，正如先前介紹過的 SHEIN。

## 小心數據豐富，但資訊匱乏

想要仿效中國，必須從數據走向分析。如果做不到，你的業務會徒有豐富數據，卻資訊貧乏。所謂的數據作為策略，不只是收集數據，還要懂得分析或形成資訊，提供企業可行的基準。唯有這樣，數據才會擁有戰略的意義，可以加速企業發展，讓管理階層帶領公司上下，從分析和資訊一路到執行。

這通常有賴跨平臺和跨系統的連結，串聯點點滴滴，將數據轉化為分析和資訊。因此，商業領袖要考慮整個數據網絡，例如，收集什麼數據？由什麼單位負責收集？如何整合不同的系統和數據片段，彼此輝映或放大，形成清晰的業務故事？

## 用數據顛覆產業

元氣森林的例子，證明光憑數據就可以顛覆產業，一舉超越現有的企業。說到這種顛覆模式，最有趣的是快速消費品產業充斥著數據，包括每月存貨單位和分店銷售報告，定價及促銷數據，社群媒體上的追蹤者和參與度，廣告表現數據，零售購物的眼動追蹤數據，品牌親和力和權益數據，產品性能數據，以及使用中的產品體驗數據等。問題是快速消費品產業的數據，大多是在回顧過去，藉此引導未來的競爭策略，而這些策略其實是針對市場已發生的事情，做出防禦性反應。雖然有所謂的趨勢報告，頂多是一季一次，最糟的是一年一次，根本不可能及時採取行動。不管快速消費品公司有沒有意識到問題，這種分析商業和消費者的方法，已經讓企業居於劣勢。從現在回顧過去的數據有其必要性和價值，但如果想走在最前面，靠數據顛覆產業，必須同樣重視前瞻性的數據，甚至要把前瞻性數據看得更重要，刻意強調消費者的未來趨勢。

只要做好即時分析，看數據行動（即使是缺乏經驗的外行人），都能夠成功打進產業，進行顛覆。如果你熟悉產業，又懂得即時分析，以提升企業的能力，潛力將非同小可。

　　這樣顛覆固有的商業模式，經常遭受批評，被認為可能損害現有的產品，導致內部競爭。可是，如果有顛覆的機會，卻不好好把握，別人就會抓緊機會。當個顛覆者，總比被別人顛覆好。在中國，有一個明顯的生存哲學：沒有不變的真理，也沒有固定不動的歷史遺產。如果有機會的話，甚至不惜顛覆自己的業務。

## 效法中國，落實新零售模式

　　當你邁向中國式的消費者本位，收集即時數據，具備即時反應能力，也有顛覆產業的意願，就可以運用新零售法，實現中國化的商業模式。你的業務不再有線下和線上之分；從今以後，擁抱新零售的概念，想像一個無縫、零阻力、個性化的客戶旅程會是什麼樣子？

　　一切都始於數位和零售的融合，背後的驅動力當然是數據，而且比歐美的全通路概念更廣泛、更深入。正如百勝中國的例子，新零售將實體、數位、數據和技術結合在一起，企業營運變聰明了，懂得自我學習，形成不斷改進的良性循環。

事實上，許多西方品牌在中國已經實現新零售體驗。從 Nike 到路易威登等，都在創造新零售體驗，改變遊戲規則，提升消費者對品牌的偏好。因此，西方品牌還沒實現的是，把他們在中國學到的經驗帶回歐美本土市場，進而改變西方市場的遊戲規則。話雖如此，2021 年 8 月 IKEA 在上海嘗試推出未來商店，探索全新的零售模式，如果在中國證明可行，就可以出口到國外。

## 數據民主化

若要成功執行數據作為策略的方式，全公司上下都要貫徹這些原則。唯有實現數據民主化，數據才會是關鍵的成長動能。這表示數據不該只握在技術長、資訊長或其部門的手中；也不應該只限於消費者分析，淪為少數人的工具。反之，數據要即時幫助企業各部門迭代和改進，為消費者提供更好的服務，優化公司的營運，以提高效率、減少浪費、快速應變。從行銷到供應鏈，企業的每個元素都能善用數據來提高績效。這也賦予管理者力量，去推動微小的改變，長久累積下來，業績就會大幅提升。此外，除了避免部門孤島，企業也要防止數據過度集中，讓各個層級的人員都可以查詢。數據不該是企業高層的專利，企業也不應輕視數據分析，把這些工作交給新人去做。企業的每一個層級，都應該熟悉數據。

## 不要失去人性

　　數據是資訊，可以幫助我們理解別人，但不應該取代人性的元素，尤其是高接觸、高價值的客戶服務和互動。例如，在奢侈品產業，個人化服務是消費者對於購買體驗的基本期望，所以跟百勝中國的例子不一樣，如果太依賴科技和人工智慧，恐怕難以達成交易。雖然數據依然是有用的工具，可以提升客戶體驗，但是以數據驅動的系統，並無法取代一對一銷售的親密感。在某些產業，人與人的交流是終極的個性化體驗，不僅刺激當前的銷售，長期下來，也提升品牌的親和力和忠誠度。

　　數據是一大關鍵，可以解鎖企業看似無窮的潛力。企業以數據作為策略，比用戶還要了解他自己。消費者所描述的偏好和行為意圖，經常在最後的行動破功，因此行動比言語更有力量。正如本章所示，**數據作為策略**，也可以解鎖營運的分析和機會，從而提高效率並減少浪費，對企業和世界都更好。當西方品牌和企業仿效中國，以數據作為策略，就會變成反應超快的顛覆者，隨時準備好顛覆產業、產品類別和消費體驗。

# 注釋

1. Leandro DalleMule, Thomas H. Davenport, "What's Your Data Strategy?" *Harvard Business Review*, May-June 2017.

2. A.J. Cortese, "Beverage Unicorn Genki Forest Wants to be Treated Like a Tech Startup, but Does the Label Stick?" kr-asia.com, April 15, 2021. https://kr-asia.com/beverage-unicorn-genki-forest-wants-to-be-treated-like-a-tech-startup-but-does-the-label-stick

3. Rui Ma, "Data Driven Iteration Helped China's Genki Forest Become a $6B Beverage Giant in 5 Years", TechCrunch, July 26, 2021. https://techcrunch.com/2021/07/25/data-driven-iteration-helped-chinas-genki-forest-become-a-6b-beverage-giant-in-5-years/#:~:text=The%20bottled%20beverage%20industry%20wasn,outfit%20known%20as%20ELEX%20Technology.

4. Bloomberg News Wire, "Yum China's Bet on AI and Robot Servers is Beginning to Pay Off", March 5, 2019. https://www.bloomberg.com/news/articles/2019-03-05/kfc-owner-defies-china-slowdown-with-a-i-menus-and-robot-servers

5. Bloomberg News Wire, "Yum China's Bet on AI and Robot Servers".

6. Press Release, "Yum China Named to Fast Company's Annual List of the World's Most Innovative Companies for 2020", Yum China, March 11, 2020. https://ir.yumchina.com/news-releases/news-release-details/yum-china-named-fast-companys-annual-list-worlds-most-innovative

7. Yum China Net Income 2015-2021, *Macro Trends*, accessed April 2022. https://www.macrotrends.net/stocks/charts/YUMC/yum-china-holdings/net-income

8. Yum China Net Income 2015-2021.

9. Mark Tanner, "Online Delivery in China is Nothing Short of Gobsmacking", *China Skinny*, June 9, 2021. https://www.chinaskinny.com/blog/online-delivery-china?utm_source=news_chinaskinny_com&utm_medium=email&utm_content=The+Weekly+China+Skinny&utm_campaign=20210608_m163525755_20210609+-+3&utm_term=View+on+the+web

10. Monica Suk, "Alibaba Deploys 1,000 Delivery Robots As E-Commerce Booms in China; Accelerates Digitization of Hainan", Alizilla (Alibaba Press Release), June 11, 2021. https://www.alizila.com/alibaba-deploys-1000-delivery-robots-as-e-commerce-booms-in-china-accelerates-digitization-of-hainan/

11. Daiane Chen, "SHEIN Market Strategy: How the Chinese Fashion Brand is Conquering the West", Daxue Consulting, February 16, 2022. https://daxueconsulting.com/shein-market-strategy/

12. Greg Petro, "The Future of Fashion Retailing: The Zara Approach (Part 2 of 3)", *Forbes*, October 25, 2012. https://www.forbes.com/sites/gregpetro/2012/10/25/the-future-of-fashion-retailing-the-zara-approach-part-2-of-3/?sh=f2c67e67aa4b

Chapter 10

# 催化因子八：
# 縮短時間

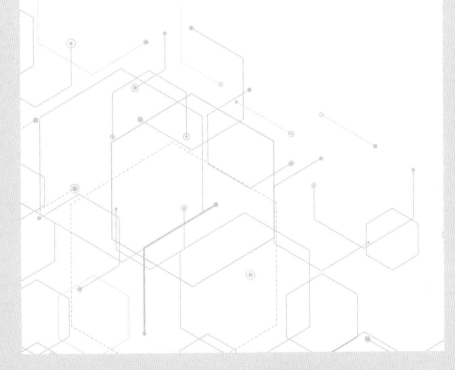

中國的創新和成長為何如此之快？美國的趨勢研究者暨中國青年集團（Young China Group）創辦人──扎克‧戴克沃德決定探索這個問題。由於山寨大國的惡名，中國一些勇敢的企業家，在國際上的知名度不高，而中國快速成長，戴克沃德好奇有沒有其他原因，結果得到意外的結論。由於生活面臨空前的改變，中國消費者的適應力超強，於是提高創新的速度和規模。戴克沃德為了衡量該現象，隨後自創生活變化指數（Lived Change Index, LCI）。LCI 對比 GDP 的資料，可以確認社會變遷的速度及其對生活的潛在影響。舉例來說，比較 1990 年出生在美國和中國的人，如果是美國人，自出生以來，人均 GDP 增長了二‧七倍，反觀同時期出生的中國人，人均 GDP 增長了三十二倍！[1]

GDP 的成長因子太多了。這顯然跟經濟的起跑點有關，例如 1990 年美國的經濟比中國好太多。提供大家參考，其他快速發展的國家，如印度和印尼的人均 GDP，大約成長五至六倍。而中國人均 GDP 成長三十二倍，試想中國社會在這段時間裡，經歷多少變化，同時想像一下這種變化發生的速度，以及中國社會需要的適應力。

許多人懷疑中國的成長，說到其成長的速度，常有人說「人多好辦事」，把一切歸因於大量的廉價勞動力，加上缺乏勞動法規和保障，勞工全天候不間斷工作。另一種常見的觀點，認為「中國速度」是偷工減料的結果。這些觀點並沒有說錯，卻有誤導之嫌；在四十年前可能有道理，但過去二十年裡已經過時了，而且完全不正確。中國的速度和敏捷度是真的，實現了優質的快速發展，這要歸功於中國文化和勞工的超強適應力。歐美企業耗時數週甚至數個月，才能夠做好決定，在中國卻只要幾天，就可以迅速採取行動，並做出產品原型。

此外，中國真正的創新，其實是在產品開發時程。西方典型的產品開發流程，比如一般消費品，可能要十二至二十四個月的時間，涉及研發、產品測試、臨床試驗等多重步驟。中國企業壓縮時程，只需要短短幾個月甚至幾天，就可以推出大量的新產品，種類比大部分西方企業多了數百種。這種策略也有缺點，可能有一堆不賣座的產品，乍看之下，時間、精力和資金便白白浪費在不成功的產品上。然而，中國公司發現，這麼做確實會有更多賣座的產品，並且獲益良多，確認哪些產品不管用，同時在數位生態系統嘗試各種策略，持續鼓勵用戶和消費者參與。中國在許多產業展現速度，以超越標準時程的方式，將更好的產品更快推向市場，在各自的產業發揮最大的商業影響力。

## 把對手拋在腦後

以手機為例，華為在短短八個月內，針對 Mate 9 創新手機打造晶片，比起全球產業常見的十二個月，整整少了三分之一的時間。[2]事實上，全球行動產業始終想不透，華為到底是如何實現，畢竟它是從零開始，而且還交出革命性技術。

華為 Mate 9 是一款功能豐富、價格親民的手機，在當時是華為的旗艦型號。手機由保時捷設計，搭載了尖端技術，包括一個由機器學習驅動的系統，可以監測手機的使用狀態，順勢分配晶片的處理效能。這表示 Mate 9 使用得愈久，手機運行得更快，與大多數 Android 手機的情況剛好相反。華為 Mate 9 搭載 5.9 吋螢幕，讓手機可以變身迷你平板電腦，即雙功能的「平板手機」。還配備充電速度更快的電池，僅需充電 30 分鐘，即可使用一整天。萊卡相機鏡頭則帶來更優質的影像。Mate 9 平板手機上市後，四個月售出 500 萬臺，比上一代 Mate 8 成長 36%。[3]

華為 Mate 9 的設計和工程，跟當時業界典型的開發模式完全不同。它並未跳過任何步驟，通過一樣多的測試與盡職驗證，但華為的特色是兼顧速度和品質。創造獨特的開發模式，換個方式解決問題，所以承擔不同的風險。

華為的工程部門為了 Mate 9，重新構思專案開發的時程步驟。具體來說，晶片都還沒做好，就開始設計手機。他們會做一些有根據的推測，並期望晶片達成特定的散熱和功率要求，一旦晶片達到標準，工程部門早已完成大部分的手機設計工作。多方平行並進，而非按順序進行，於是將時程縮短數個月，把任何潛在的競爭對手甩在後頭。

平行並進是有風險的，如果工程師計算錯誤，兩條工作線恐怕就接不上，晶片到手時，就不得不重新設計。即使是這種情況，產品也會在十二個月內上市，剛好符合產業的標準，唯一的損失是平行並進時，額外投入的沉沒成本。然而，如果兩條線無縫對接，新晶片將搶先全球上市。華為成功了，商業收益遠超過潛在風險和額外資源開銷。不僅如此，根據華為的報告，他們從平行並進獲益良多，未來更懂得簡化流程，降低該方法的風險。實際上，華為培養一種新的組織能力，能夠創造更大的競爭優勢。

## 為成功衝刺

外國公司到中國經營，也注意到「中國速度」，為了維持競爭力，紛紛加速作業流程，提升自身效率。

雀巢中國就是一個例子，推行創新的衝刺流程，縮短典型的創新時間線，從十八至二十四個月縮短至六個月。憑藉這種衝刺法，快速回應瞬息萬變的市場，畢竟食品和口味受到趨勢影響，消費者會不斷尋找新產品，對創新特別有反應。雀巢實施新流程後，一年內就在中國推出 170 款新食品和飲料，遠勝之前每年只推出 34 款[4]，其中包括雀巢從未涉獵的全新產品類別，例如 2019 年推出的肌獵高蛋白質水。

所謂創新的衝刺流程，在短短四天內，就能夠找到新想法，並化為原型，這有賴公司內部的跨職能團隊，包括來自研發、行銷、業務和供應鏈的同事，流程如下：

- 第一天：團隊搜尋有關消費者的資訊——從現有的市場研究和銷售數據，再到社群媒體和產業報告的趨勢分析，確認有哪些重要的機會，接下來就往這些領域探索和開發。

- 第二天：跨職能團隊共同創建概念，從有機會的領域下手，開始描述產品的特點、功能和好處。產品概念通常會經歷一百次迭代，配合文案和概略的視覺呈現，產品構想愈來愈生動。

- 第三天：研發團隊為每一個產品概念，以最快的速度創建原型。通常包括原型配方和包裝，以實現產品概念所承諾的功能。

- 第四天：將概念和原型展示給消費者，獲得反饋和學習，其中評價最高的產品概念，便會進一步開發，正式上市。

當產品準備上市，就要盡快推向市場，通常會透過電子商務來銷售，比典型的銷售管道更快，否則以往產品先運送到零售商或經銷商，然後到門市上架，往往耗時一至二個月。如果一推出就很成功，雀巢就知道哪些產品值得投入更多的行銷和分銷資源，但肯定有某些產品成效不彰，永遠不再進入零售市場。即便如此，從失敗中學到的經驗，不亞於從成功中學到的經驗。這些收穫都會導入下一波的四天衝刺，構思更吸引人的產品企劃。

因此，多虧這些衝刺，雀巢不只用更快的速度，推出逐步創新的產品，還累積寶貴的經驗和能力，例如提高團隊敏捷作業和共同創造的能力，認識電商銷售和數據搜尋，更深入了解消費者及其偏好，精煉產品表達和展示，擴大產品的影響力，一切用快速的節奏進行。有了這些學習，更大規模、更革命性的創新，未來更可能成功落地，最終提升公司內部的產品上市能力。果不其然，雀巢執行創新衝刺計畫後，2020 年實現五年來最大的成長。[5]

## 蔚來挑戰汽車行業

連續創業家李斌，有中國伊隆・馬斯克的美譽，他是蔚來（Nio）電動車的創辦人兼執行長。蔚來意味著「藍天將至」，經常被譽為中國的 Tesla，有別於中國另一家電動車品牌比亞迪主打平價的電動車，蔚來專注於豪華電動車，因此選擇蔚來出售的產品，等於是選擇自己偏愛的生活方式，而不僅僅購買從 A 點到 B 點的功能性交通工具。李斌當過網路創業家，這段經歷為蔚來提供靈感，打造獨特而誘人的用戶體驗，讓所有用戶組成一個社群。這家電動車公司還擁有自家的數位貨幣、自有品牌服飾、遍布中國各地的會所和展廳，以及作為品牌核心的應用程式。蔚來也是第一家在紐約證券交易所上市的中國車廠，於 2018 年掛牌上市。

蔚來創立於 2014 年，迅速崛起，成為中國電動車市場的前幾大品牌，並在全球市場擴張，吸引中國知名科技創業者投資，包括京東的劉強東和騰訊等。蔚來結合最先進的行動網路應用和電動車，推出與 Tesla 區隔的車款，因為在高端豪華電動車領域，Tesla 是最強勁的對手。電動車重視硬體、車體本身，還有攸關續航力的電池壽命，但軟體（偏向生活方式的行動網路體驗）也一樣重要。蔚來上市的速度，有別於 Tesla 和其他電動車及傳統汽車品牌，實現前所未有的壯舉，三年內推出三款車型。

汽車的開發週期，一般從設計到製造，統稱為「項目時間」，通常是四十八個月，也就是四年。項目時間分為三階段。第一階段耗時二十四至三十六個月，這是最密集的階段，包括設計車輛、各種工程組件（從底盤、引擎到車身），以及嚴格的安全和撞擊測試。第二階段的焦點是製造，汽車製造商將研究如何量產車輛，打造或改造工具和機具以生產車輛，並且確定整套製造流程，以確保車輛從生產線下線後，有一致的高品質和低瑕疵。最後一個階段則是擴大製造的規模，同時將車輛賣給分銷商和經銷商，準備交車和運輸的物流，以及針對上市構思行銷企劃和活動。

一些公司如 Tesla，已經使出渾身解數，例如平行並進或不更換汽車底盤（大部分技術都集中在底盤），只從外觀改變上半部，將時間縮短到三至三·五年。但是，整體而言，汽車製造商仍無法大幅縮短項目時間。那麼，蔚來這家由網路創業家創立的新興汽車製造商，沒有先前的工程規範可以參考，它是如何在三年內，成功推出三款車型呢？

首先我們來討論，為什麼一個全新的汽車品牌，要趕快推出一系列車型？說到汽車品牌，無論是產業界或消費者，通常對新品牌及其首款車型抱持懷疑態度，至少是「觀望」的態度。許多買家會擔心可靠度、耐用性和安全性，總要等到新品牌樹立威信再說。所謂的威信，就是在市面上推出多款車型，並且累積一定的紀錄。因此，新品牌盡快推出一系列車型，可帶動單一車型的銷售量，或整個品牌的業績。在這個產業，時間相當於金錢。據估計，任何車款延遲四個月上市，就可能讓企業損失 20 億美元的收入。[6]

蔚來比較晚進入電動車產業，面臨幾個挑戰。它手上沒有工廠或生產基礎設施，也缺乏設計或工程方面的專業實力。更何況，中國電動車品牌多的是，它只是其中一家，其他幾家廠商甚至有雄厚的資金和資源，蔚來要跟這些對手爭奪市場。於是，蔚來做出三個關鍵決定，讓自己能夠迅速起步，並成為電動車領域的領先品牌。

首先，在投資方面，蔚來投資技術研發，而不是先建立製造基地。蔚來的創辦人待過科技產業，因此他看待智慧電動車，特別重視跟用戶體驗有關的技術，讓蔚來的車款脫穎而出。蔚來把製造外包出去，交給當地的代工廠江淮汽車，以免為了培養製造能力，浪費時間和昂貴的資源。此外，蔚來還跟印度汽車製造商塔塔合作，塔塔擅長輕質鋁合金車身，而重量攸關電動車電池的壽命。蔚來決定專注於自認最專精的領域，其他就外包給合作夥伴。

其次，蔚來聘請專案經理和工程師，組成全球頂尖的團隊，團隊成員累積豐富的產業經驗，因為有專業的汽車知識，能夠應付打造功能性車輛，把軟硬體合一的大工程。蔚來延攬各路高手，不僅高效處理每一道工序，還可以快速統整每個環節。

第三，蔚來選擇直接向消費者銷售，省略把汽車賣給經銷商的步驟，進而縮短前置時間，降低業務成本。蔚來精心策劃的品牌體驗，從購買到售後參與和服務，在客戶旅程的每個階段培養超級鐵粉。電動車還有另一個重要的客戶體驗，就是換電服務，因此蔚來投入大量的資源，在中國設置 300 多個換電站。這些換電站是創舉，覆蓋中國數千哩路，駕駛開到換電站，3 分鐘內即可換電完畢，比傳統汽車加油還要省時。這些關鍵的企業品牌能力，其實是在車輛設計和製造的階段，一併建立起來的。

蔚來同時做好三件事，一是從外部選擇有深厚職務專業知識的夥伴，二是在公司內部培養專案管理和開發的專業，三是刪除某個環節（即不再賣車給經銷商），最後克服三至四年的項目時間，才能在短短三年內，成功推出三款車型。此後，他們在英國和挪威推出產品，並計畫拓展到西歐。截至 2022 年 4 月，蔚來的市場估值達到 275 億美元[7]，與 1931 年成立的德國保時捷差不多。

## 如何輸出這個催化因子

從這類成功故事中，可以提煉出哪些原則，幫助大家快速採取行動，並在全球發揮最大的商業潛力？

### 沒有神聖不可侵犯的事物

英文有一句俗諺 sacred cows，意思是「神聖不可侵犯的事物」，意指有一些觀念或習俗不容批評，但毫無根據可言。商業界有什麼神聖不可侵犯的事物呢？回到蔚來的例子，比方汽車品牌必須靠自己製造每一輛車。至於華為的案例，比方等到晶片規格敲定後，才開始設計手機。再來是消費品，比方提前幾個月做消費者分析，先確定要做什麼創新，或者先做嚴謹的消費者驗證，以質化和量化的形式，充分評估新產品的構想，再來思考上市這件事。這樣有概念了嗎？

在你的產業中，有哪些觀念是神聖不可侵犯，卻可能遭到創新人士挑戰？除非是法規或合規的要求，攸關產品上市的資格，否則沒有任何假設是不容挑戰的。上面介紹的中國企業，直接拒絕「大家一貫的做法」。中國壓縮上市時間，為每個產業帶來新的視角，上市前的每個環節都可以質疑和改進。企業團隊必須反問自己，有哪些事情可以平行並進？有什麼可以「一邊推出，並且一邊學習」？有什麼可以徹底簡化，甚至完全捨棄？

這需要更謹慎周密的風險管理。既然工作流程都平行並進，最後無法銜接的機率頗大。企業必須評估這些節省時間的方法，是否符合成本效益，並預先想好備案，以免原計畫失敗。對此進行商業評估的方法之一，是考慮商品延後上市，可能喪失什麼機會。以汽車產業為例，延後四個月上市，可能損失 20 億美元，這樣看來，假設項目失敗的風險是損失 25 萬美元，就可以接受。或者像華為的情況，假設晶片和手機的作業流程，最終無法成功整合，主要的風險不是項目失敗，而是機會成本；若這個方法失敗，本來可以用在其他專案的資源，就這樣浪費掉了。

然而，最引人注目的是，雖然有可能失敗，企業仍勇於挑戰神聖不可侵犯的事物，並且從中學習，甚至有可能改變公司文化——打造合作解決問題的創意團隊，鼓勵員工挑戰傳統的工作模式，激勵企業勇於冒險和突破。

## 尋求策略合作夥伴

如今蔚來擁有自己的生產基地，但是他們推出首批車型時，全部委託代工合作夥伴製造。企業為什麼不可以爭取合作夥伴的策略支持，全心投入自認為能夠創造最大差異的領域？這與外包有根本的不同，關鍵在於共享誘因和風險。傳統的外包，就只是勞動分工，因為在公司外部完成製造工作，通常更便宜或更快速，反之，策略合作夥伴不一樣，通常擁有深厚的經驗，遠遠超越企業目前的能力範圍。

孫子在《孫子兵法》說：「不求合盟而孤立無助者，其危必矣。」[8]然而，在任何合作關係，無論是商業還是政治，成功的關鍵在於目標一致，還有誘因相仿，尤其是策略合作夥伴（有別於單純的外包），必須在網絡公平分配經營的風險、成本和獎勵。前提是大家有共同的目標和期望，以及背後的激勵措施——當發起者獲勝，合作夥伴也獲勝；而發起者失敗，合作夥伴也失敗。

既然雙方目標一致，就可以透過關鍵指標（或是 KPI），衡量這些目標有沒有實現，避免資訊不對稱的陷阱。雖然合作夥伴為了達成協議，似乎從一開始就努力在目標達成共識，但往往急著完成交易，疏忽彼此有無共同的目標，尤其是同一個產業的合作夥伴，以為大家來自同一個領域，動機必然相同。如果犯下這種錯誤，損失將很可觀，甚至導致合作破裂。

　　在這些夥伴關係中，溝通和合作至關重要，以免庫存過剩或不足、預測不準確，或者銷售或客服不佳等問題。但問題難免會發生，如果遇到這種情況，需要強而有力的協調，妥善管控風險。

## 避免獎勵不一致

　　波克夏公司副董事長查理・蒙格（Charlie Munger）曾說：「給我看誘因，我就能告訴你結果。」[9] 把這個原則套用在個人理財，我們就更明白其中道理。一般投資人想到要另外付錢，請人幫忙管理投資組合，往往會感到不滿，因為他們希望先看結果再付費。正因為這種根深蒂固的消費者觀點，導致財務管理產業的費用不透明，有許多隱藏費用、前端費用、交易佣金及交易費。如果理財專員靠交易費賺取佣金，就可能進行更多交易和買賣，但是交易次數增加，消費者必須支付更多交易費，其實會抵銷利潤，還可能多付一筆資本利得稅——兩者都可能大幅抵銷報酬率。換句話說，投資人明明希望財富增加，但此獎勵系統與這個期望毫無關聯。這是獎勵不一致的經典案例，也是一個重要的提醒，告訴我們每個人都必須和合作夥伴追求清晰明確的相同目標，尤其是快速實現目標的時候。

## 改變，勢必會面臨阻力

據我們所知，中國人見證和經歷的變化太大了，中國社會具有高度的應變力和適應力。他們願意考慮新的做事方式，開放地接受新產品和新技術。換成西方世界，不可能有如此廣泛的改變——可能只限於一些年輕人，但不是整個社會。

因此，西方企業面對消費者，或許要瞄準接受度最高的消費者和受眾，減少轉換的陣痛或成本，幫助更廣泛的使用者一起過渡。這恐怕需要輔助方法、合作夥伴，甚至是基礎設施，協助消費者一起邁向未來。「棒球場建好了，觀眾不一定會來」，更重要的是獎勵民眾，過渡到新行為，降低普及的阻力。

在企業內部，不管是員工或管理階層，也是同樣的道理。西方有不少企業未能轉型，明明有充足的機會，可以掌握腳邊的未來潛力，例如柯達相機和膠卷，以及百視達的 DVD 租用服務，都是這樣沒落的。然而，非常規的思維可以顛覆產業，只可惜西方人的心理，仍未記取這個教訓。變化是唯一恆定的真理。有鑑於此，任何有遠見的領導者都必須找到方法，來說服和激勵自己的團隊，願意穿越時光，想像新的未來。就像在策略性合作關係中，要創造獎勵機制，在企業內部當然也需要同樣的機制，來推動靈活創新的文化。

# 注釋

1.  Zak Dychtwald, "China's New Innovation Advantage", *Harvard Business Review*, May-June 2021 Magazine Issue.

2.  Savov, V., "ARM's idea of 'China speed' helps explain why it's so hard to compete with Chinese phone makers", theverge.com, May 30, 2017.

3.  Mitja Rutnik, "Huawei Mate 9 sales reach 5 million in first four months", Android Authority, April 13, 2017.

4.  Tingmen Koe, "New Product Priorities: Nestlé unveils plan to launch 170 products to market this year", Food & Beverage Innovation Forum, Food Navigator Asia. April 29, 2019.

5.  Health Products Association Report, "Nestlé's China Revenue Cruises Well Into the Billions", March 1, 2021. https://uschinahpa. org/2021/03/nestle-chinas-revenue-cruises-well-into-the-billions/

6.  Nico Berhausen, Nick Hannon, "Managing Change and Release" *McKinsey & Company*, March 20, 2018.

7.  Companies Market Cap, April 22, 2022. https://companiesmarketcap. com/nio/marketcap/

8.  Sun Tzu, *The Art of War* (Filiquarian; First Thus edition, 2007).

9.  Dr. Peter Munger, "Following the Money: Show Me the Incentives and I Will Show You the Outcome", Simon Kucher Consultancy blog article, July 31, 2018. https://www.simon-kucher.com/en-us/ blog/following-money-show-me-incentive-and-ill-show-you-outcome

Chapter 11

# 催化因子九：
# 善用融合，
# 解鎖新潛能

1930 年代，諾貝爾獎得主漢斯・貝特（Hans Bethe）發現當兩個氫原子碰撞時，原子核會融合，形成氦原子，在核融合過程中，會釋放新的能源。當創業和創新真正的融合，以中國風格重新展現時，確實很像核融合。商業模式通常要經過混合、交織和融合，以釋放新的商業潛力。因此，並沒有「做好自己的本分」這回事；一切都可以重新組合。電商公司與銀行業融合，誕生微型金融（支付寶集團），社交網絡企業與電商融合，形成社群商務（抖音、小紅書），新創飲料公司借用科技公司的商業模式，融入碳酸飲料產業（元氣森林），手機與物聯網融合，甚至延伸到個人的電動交通工具（小米），速食品牌融合互聯網和遊戲技術，成功改造自家公司（百勝中國／肯德基）。在中國，這些核融合釋放出非凡的新能量，顛覆整個產業甚至經濟。

　　大家可能以為，中國有這些融合和多軌道擴張，是因為它保護國內市場，限制其他國際品牌，讓本地品牌可以無限制擴張，以滿足消費者的需求，這一點有待商榷。以李寧為例，它有中國的耐吉（Nike）之稱，但耐吉會在美國的本土市場，推出自家版本的星巴克，就像李寧在中國推出的寧咖啡那樣嗎？可能不會。消費者會接受嗎？更何況食品飲料與服裝相比，利潤又更低了，這樣的策略理性嗎？中國一些品牌的選擇，確實讓人想不透，但全球擴張和成長的關鍵，正是在自己的產業以外，創造出新的商業模式，在中國實現顛覆和成長。例如，第九章介紹的元氣森林，利用數據和科技，顛覆中國僅剩的傳統行業之一：汽水和飲料產業。第四章介紹的抖音，融合了社交和商業，刺激網購的買氣。這些顛覆的例子，已經改變了中國內外的產業，世界其他地方的商業領袖都該質疑一下自己的商業模式，何不快一點轉向、轉變或融合呢？在中國，像騰訊這樣的頂尖遊戲公司，正在為深愛遊戲的駕駛人和乘客，想像新一代的個人交通體驗，騰訊融合旗下業務與電動車市場，把兩個截然不同的商業模式和經濟體結合，釋放新的潛力。反觀美國的動視暴雪（Activision Blizzard）或藝電（Electronic Arts），甚至是福特或通用汽車等，有沒有類似的想法？又為何不這麼做？

西方的企業和公司容易短視近利，只看到目前所屬的產業類別、現有的競爭對手，因此，他們面對中國化的融合商業模式，最有可能被顛覆。中國企業在國內和海外，引進其他商業模式和／或工作模式，顛覆成長緩慢的傳統產業，而且真的成功了。

## 逸仙集團：在美妝科技產業改變遊戲規則

經過四年驚人的成長，中國美妝獨角獸企業逸仙集團打破歷史紀錄，成為中國首個在紐約證券交易所上市的美妝品牌，於 2020 年 11 月掛牌。逸仙旗下有多個美妝品牌（有些是自創，有些是收購而來），在中國飛速成長的電商市場上，榮登銷量第一的品牌。逸仙集團成立於 2016 年，創辦人是黃錦峰，他曾經在寶潔（P&G）任職多年，也是哈佛商學院的畢業生。

黃錦峰待在寶潔市場研調部門時，注意到市場領導者都是外國品牌，包括了歐萊雅、雅詩蘭黛、LVMH 和寶潔，它們稱霸中國美妝市場。此外，他發現這些品牌的競爭手法很傳統──運用高成本的電視廣告，找高知名度的名人代言，打開品牌知名度，主要透過實體零售和美容顧問，為消費者推薦產品，最終達成交易。雖然這一直是有效的成長途徑，但他發現潛在的市場缺口，可以交給中國本土品牌來填補，有可能顛覆整個中國產業。鑑於中國在數位化和電商的發展趨勢，以及中國年輕消費者和美妝愛好者積極使用小紅書之類的社交媒體，黃錦峰看到美妝公司的機會。逸仙集團的作風有別於國際品牌，更具有科技感，更能夠反映本地消費者的偏好，並且回應本地消費者的需求。

事實上，中國新崛起的消費者，包括千禧世代和 Z 世代，更可能接受中國本地品牌，這些品牌並未爆發品質醜聞。因此，年輕消費者會願意買來使用，並為此感到自豪。不僅如此，年輕消費者不滿外國的美妝品牌。具體來說，國外的彩妝產品不是為亞洲膚色設計，導致許多亞洲消費者選購時，可能會遇到困難，找不到自己需要的色系。根據消費者研究，許多年輕消費者回報，他們普遍摸不透國際品牌，認為「中國品牌才知道什麼對本地消費者最好」。[1]

黃錦峰剛從哈佛商學院取得 MBA 學位後，就是在此背景下成立逸仙集團。取名逸仙，是因為黃錦峰就讀中山大學，這所大學以中華民國首任總統孫中山命名。黃錦峰認為，這家公司如同孫中山，也將代表中國的新潛力，一個中國本土美妝品牌，專為中國消費者而生。黃錦峰懷抱遠大的目標，希望取代當時的彩妝市場領導者（包括歐萊雅、LVMH 和雅詩蘭黛，市占率總共達到 47.8%[2]），並且以完全不同的市場手法來實現。黃錦峰打算整合他對美妝產業的了解，以及對中國數位生態系統的理解，創造一種融合美妝和科技的商業模式，來顛覆這個產業。

逸仙集團的第一步，就是建立三個彩妝品牌。彩妝主要跟著時尚和趨勢走，因此黃錦峰認為，如果只有單一的品牌，風險太大了；一次擁有多個品牌，就算有一、兩個品牌偶爾表現欠佳，也可以降低風險。第一個創立的品牌是完美日記，以千禧世代和 Z 世代為客群，其口號是「美不設限」。這個口號代表了價值主張：以誘人的價格，提供優質產品，讓消費者能夠一次購買多款顏色，盡情玩美和實驗。

業務起初在網路銷售，主要透過阿里巴巴集團的淘寶和天貓管道，後來在小紅書、抖音／TikTok 和微信等社交平臺，透過小程序功能，陸續推出銷售平臺。完美日記非常成功，2018 年於知名的雙十一購物節，在天貓購物平臺上，成為首個銷售額突破人民幣 1 億元的國產彩妝品牌。[3]短短五年內，逸仙集團就憑藉完美日記的成功，以及其在中國國內美妝品牌的領先地位，在紐約證券交易所進行首次公開募股（IPO），估值達到 44.6 億美元。[4]

那麼，逸仙集團究竟運用了哪些科技來顛覆產業，在中國建立一個獨角獸美妝企業呢？完美日記的員工，主要是數據科學家和程式設計師，顯然跟外國競爭對手不同，一般美妝品牌擁有大型的研發和行銷團隊。因此，逸仙集團是一家基於人工智慧和數據的公司，經營時間愈久，就會愈聰明。

完美日記善用中國的 KOL，這些人在社群媒體上有許多人追蹤。中國有超過 300 萬個 KOL，甚至有五個等級的排名系統，主要按追蹤者的數量排序。頂級 KOL 擁有超過 500 萬追隨者，中等級別 KOL 落在 30 至 100 萬之間，最低級別大約在 10 萬以下。完美日記看見各級別的功能，建立內部的團隊和數據庫，專門監測旗下 15,000 名 KOL 的表現。[5]這個系統衡量各種 KPI，包括追蹤者數量、活躍追隨者數量、貼文觀看次數、貼文被按讚或收藏的數量、評論的數量、轉發或分享的次數等。經過綜合分析後，會得到內容參與分數，可以評估每位 KOL 對品牌的影響，然後將這些數據輸入模型中，找出跟品牌銷售表現的關聯。這可以幫助完美日記善用 KOL 的影響力，比起其他競爭對手，實現更強大的投資報酬率。

完美日記用心管理 KOL，指導他們撰寫內容，並且共同創作。例如，完美日記挑選四位 KOL，各有其特殊外貌和個性，剛好匹配動物眼影盤的四款色系，每一款都有各自的調色板，結果在一週內熱賣 20 多萬組。[6]

完美日記也善用 KOL 的助力，開發新產品。黃錦峰解釋：「我們開發一項新產品，會把樣品發給 1,000 至 2,000 位 KOL 試用，可能其中有 50 到 60％的 KOL 喜歡，並願意向粉絲推廣，透露完美日記打算要推出這款新產品。但這時候消費者還買不到，因為只限 KOL 試用。如果 KOL 的貼文獲得熱烈迴響，我們就會推出該產品，如此一來，第一批購買的消費者，也會樂於在社交媒體談論該產品。」[7]

此外，KOL 會觀察自家粉絲，針對新產品提出意見，例如有些色調就是他們建議的，甚至可以為粉絲訂製專屬包裝。其中一款產品「中國國家地理眼影盤」，在天貓的銷量排名第三，瀏覽次數超過 1.8 億次。[8]

完美日記也會與 KOL 共同打造產品，其中一款產品是跟李佳琦合作開發的「小狗眼影盤」。李佳琦是最知名的美妝 KOL 和直播銷售員，這款眼影的色調，就是參考李佳琦家犬的顏色，因此取名「小狗」。李佳琦又被稱為「口紅之王」，在抖音／TikTok 有 4,400 萬人追蹤，在天貓上也有 400 萬人追蹤，小狗眼影盤正式開賣前，就已經預售 15 萬組，2020 年 3 月官方發布直播會，又銷售了 30 萬組。[9]

完美日記也和《中國國家地理雜誌》、中國航天、大英博物館、紐約大都會藝術博物館、探索頻道合作，推出特殊主題的調色盤，因此成為收藏品，由於多了一層文化底蘊，消費者也就更尊重該品牌。

如此大量的創新，讓完美日記擁有數量龐大的存貨單位（超過 1,000 個），遠遠超過競爭對手。相形之下，歐萊雅的產品組合，大約只有 150 個存貨單位。完美日記憑藉著多樣性，超越其他品牌，滿足消費者極小眾的偏好。此外，產品交給第三方供應商製作，完美日記可以靈活應變，在適當的時機推向市場。黃錦峰認為，這是完美日記主要的品牌差異：「對於歐萊雅來說，擁有一大堆存貨單位，可能沒什麼意義，但對我們來說卻意義非凡，因為我們使用 AAARRR 成長駭客框架（提高知名度、獲取客戶、提高活躍度、提高留存率、增加收入、傳播）。我們與 KOL 合作，嘗試各式各樣的存貨單位，滿足他們粉絲的小眾偏好。一旦證明是高潛力產品，我們就擴大上市，爭取更多客戶。即使我們 6,000 萬客戶中，只有 1％的人喜歡特定的顏色或色調，那也是有 60 萬名客戶的市場。即使只有 0.1％的客戶喜歡，也相當於 6 萬名客戶，我們可以盡量節省成本來服務他們。當消費者得知完美日記會照顧自己的日常需求，包括小眾的偏好，消費者參與度就會很高。」[10]到了 2021 年初，完美日記在各個平臺上，擁有超過 5,000 萬追蹤者，實現前所未聞的電商回購率，高達 40％。[11]

完美日記在產品售出後，會繼續跟消費者互動，最終將消費者導入自己的直銷管道，成功將公共流量（來自其他平臺）轉化為私有流量（品牌管理的平臺）。這一點很重要，因為在中國，品牌爭取公共流量的成本正急劇上升，反觀私有流量比較好控制成本，可以保護毛利率。完美日記的做法，是消費者在任何電商平臺完成購買，就會受邀加入完美日記的微信群聊。這些聊天室最多可容納

500 人，由一位虛擬 AI 美容顧問主持，其個人檔案和外觀都經過設計，與目標消費者極為相似，讓他們感到自在，就像和閨蜜聊天一樣。完美日記依照消費者的來源，區分兩種聊天群。第一種是從網路的電商或社群商務平臺購物，為了獲得下次購物折扣而加入群組。第二種是參加實體快閃店或贈品活動，因而掃描 QR 碼的消費者。虛擬美容顧問會依照招募的來源，並根據數據驅動的分析，跟消費者進行溝通，刺激買氣。

　　無論哪一種群組，AI 美容顧問都會分享各種產品的使用方法，回答任何的問題，並分享即將舉辦的促銷和活動。如此一來，無論最初購買的管道是什麼，消費者都可以跟品牌建立直接連結，下次就能直接向品牌購買。根據觀察結果，這些微信群組的回購率，甚至高於電商平臺。

　　完美日記獨特的數位數據平臺，讓每位消費者擁有一個通用帳號，能夠暢行於逸仙旗下的所有品牌，這樣的平臺極具成長威力。反觀其他擁有多品牌的競爭對手，根本達不到這個境界，因為大多數的客戶分析和資訊，只限單一的品牌使用。例如，消費者的數據儲存在植村秀的資料庫，並無法匯入更大型的歐萊雅資料庫，開放旗下其他品牌查詢。完美日記就不同，微信群聊的虛擬美容顧問，會考慮哪一個品牌最適合用戶的需求，再決定把用戶連接到完美日記，或者逸仙集團的其他品牌。因此，完美日記和逸仙集團共享一個消費群，正好能推廣一系列的彩妝產品，而且逸仙集團有機會拓展業務，跨足消費群感興趣的其他領域。

2020 年逸仙集團收購了法國護膚品牌婕若琳（Galénic）、歐洲豪華護膚品牌 Eve Lom、醫美護膚品牌 Dr. Wu，正是為了這個目標。黃錦峰說：「單一品牌可能會時好時壞，但旗下有多個品牌，倒是可以跟上潮流。不同的品牌，走出不同的路，每一步都要走對，並不是容易的事。但至少我們可以打好基礎，對旗下所有品牌都有利。我所說的基礎，包括我們的供應鏈、行銷機器、分銷管道和產品體驗。這就像我們為完美日記鋪好的路。其他品牌可以在同一條路上跑，但我們不只是鎖定前方的路。我們想要建一條高速公路。既然建了高速公路，就希望有更多車在上面開，要不是自己創立新品牌，就是收購現有的品牌，收購顯然更快。我們的大多數供應鏈、行銷和 IT 流程，可以直接適應新公司。」[12]

根據估計，因為秉持直接面對消費者的方式，建立電商、行銷和消費者參與，以及技術堆疊，逸仙集團可以在短短一、兩天內，讓任何新品牌（無論是收購或新創立的）在電商快速運行，全面發揮作用。[13]

　　2019 年起，逸仙集團開始設立門市，進一步透過私有流量管道刺激買氣，計畫在兩年內開設 600 家店面，不料因疫情而放緩。截至 2022 年 6 月，完美日記在中國大約經營 200 家門市。實體零售的作用是雙重的：第一是為消費者提供沉浸式品牌體驗，讓他們試玩產品；第二是吸納線下的購物者，變成品牌的線上私有流量。該業務估計，門市購物者有 65％是品牌的新客戶，這些都是潛在的私有流量。[14]消費者在店內購物後，如果加入完美日記微信群組，便可以獲得禮物。這是一種市場策略，許多競爭品牌紛紛採用這種策略，一來可以管控客戶，二來轉為私有流量。

　　總而言之，逸仙集團融合美妝和科技／社交，來顛覆產業並創造價值。完美日記善用各種數據，涵蓋行為、市場、社交和銷售，不僅比競爭對手更善於預測趨勢，還能夠創造和引領趨勢。它成功改變了產品開發流程，從原本的偏向研發，轉而奉行以數據為本的科學，其節奏和脈動更像是一家科技公司。

完美日記旗下的產品，從概念到上市的時間不到六個月，這比全球的其他同業快得多，換成是別的公司，可能要九至十八個月，才能將新產品推向市場。這種方法的好處很明顯，在短短三年內，完美日記就超越歐萊雅的媚比琳（Maybelline）及雅詩蘭黛的 MAC，成為中國第一大彩妝品牌。完美日記憑借 5,000 多萬的社群媒體粉絲，可以直接與受眾接觸並銷售，幾乎不需要任何行銷費用。這創造了成長飛輪，轉換率更高，但成本遠低於業界。這種以科技為基礎、以數據為本的美妝模式，在 2018 年至 2019 年間，實現 327% 的驚人增長，超過前十大品牌，2019 年首次公開募股時，客戶還暴增 49%，達到 2,300 萬人。[15]

2020 年逸仙集團決定前進海外，套用這種融合美妝和科技的商業模式，在東南亞推出完美日記。一年內，該品牌就在多個市場，實現夢寐以求的龍頭地位。到了 2021 年 5 月，完美日記唇彩在馬來西亞銷量第一，完美日記的彩妝也稱霸新加坡和越南，完美日記的蜜粉在菲律賓則是銷量冠軍。[16]即使礙於疫情，在中國展店的速度不如預期，但 2020 下半年的銷售仍然增長了 70.2％（繼第一、二季度的封城之後）；截至 2021 年底，逸仙集團的估值為 120 億美元。[17]

## 如何輸出這個催化因子

逸仙集團和完美日記擅長融合業務，大家可以從中學到哪些原則，在自家企業仿效中國，進而顛覆商業模式，實現產業轉型，在全球各地發揮潛力？

### 像大衛一樣打敗歌利亞

「大衛和歌利亞」是《聖經》中的經典故事，描述一個年紀輕、個子小、沒武器也從未受過訓練的大衛，竟然戰勝了一位體型巨大、武器精良、經驗老道的戰士歌利亞。這個故事的主旨，就是探討勇氣和韌性，也是商業界常見的隱喻，象徵一家缺乏資源和經驗的小公司，如何戰勝資金雄厚、信譽良好的大公司。故事中，大衛挑戰歌利亞，這個巨人嘲笑年輕牧羊人的體型和年齡，結局出乎大家意料，大衛撿起河裡的一顆小石頭擊中歌利亞，卡在他的雙眼之間，歌利亞就這樣倒下了。

行動緩慢的大產業就像歌利亞，不適應科技應用／以數據為本的商業模式，就容易被顛覆。逸仙集團在美妝產業看到機會，而那些現有的大企業，沿襲傳統的遊戲規則，擁有多重複雜的銷售管道，習慣購買高成本的廣告，來刺激消費者的需求，面對這些老玩家，只要運用科技新創公司的方法，一下子就可以顛覆它們。至於元氣森林的例子，以數據為本的商業模式顛覆飲料產業，推翻可口可樂和百事可樂等現有玩家。這就是商場上的大衛和歌利亞，只是在這種情況下，武器不再是小石頭，而是仿效中國，融合多重商業模式。

歌利亞通常身在成熟的產業，有健全的基礎設施及幾個大品牌，但那些大品牌容易受制於固定流程和長期投資。正因如此，通常不願意顛覆系統，太在意沉沒成本（換句話說，過度關注過去的投資和成本，而不是未來的成本和利益），於是現在固守的行事作風，不再符合企業的最佳利益。這些企業就像歌利亞一樣，容易變得太自信，對身邊的機會視而不見。因此，面對產業的巨變，經常未能迅速反應，面對消費者的需求，反應也是慢半拍，所以逐漸與市場脫勾，容易遭到世上的大衛們顛覆。

## 避免資本密集型的融合

融合兩種商業模式時,至少有其中一種必須是「小成本」或「小資本」,不必大舉投資廣告,或者房產、廠房、設備等基礎設施。當我們綜觀各個產業,觀察科技的顛覆潛力,顯然地,科技能夠減少,甚至省去初始的資本投入。當企業的投資報酬率超過同業標準,幾乎總是能創造價值。

以逸仙集團為例,他們運用電商和社群媒體,創造低成本的獲客模式,相較於一般美妝產業習慣高成本的廣告模式,或者投資有聘請美容顧問的櫃位。此外,逸仙集團發包給第三方,而不是自己設立研發實驗室或製造廠。這不僅降低銷售成本,也大幅減少產品開發和生產的成本;降低企業風險,並提高靈活度。

所謂的融合原則,主要是把科技導入各行各業,因此,品牌和企業換一種方式來考慮和評估內容,像埃森哲(Accenture)這樣的諮詢公司,在中國試圖應用框架和價值流程圖(value mapping),幫助企業尋找和創造價值,並且指導企業該培養哪一些能力,以維持現在和未來的競爭力。

## 創建成長（駭客）飛輪

逸仙集團從科技業借來成長飛輪的概念，建立一個持續顛覆的平臺，橫跨旗下多個品牌。這個以數據為本的飛輪，讓品牌能夠高效招攬生意，長期下來還可以節省資源和心力，維持成長動能。這種做法又稱成長駭客，飛輪的概念在科技業極為普遍，只不過跨出科技業，知名度和使用率就比較低了。

像完美日記就是靠著飛輪，仿效科技公司做事和迭代，包括跟 KOL 和消費者一起測試產品，發揮數位管道的潛力，創造需求和私有流量，成本結構反而會隨著時間降低，而不是增加，因為電商的技術堆疊和商業模式會提升效率。久而久之，這個系統會愈來愈聰明和優秀，幫助企業走在趨勢最前線，甚至主動創造趨勢。

以飛輪為中心來規劃業務，可以採取不同的戰略，做出不同的決策。飛輪的能量大小，取決於三件事——旋轉的速度有多快，有多少摩擦力，以及飛輪有多大。最成功的商業策略，可以一次解決三個面向。首先，對影響力最大的領域施力，轉動的速度會加快。例如，完美日記開發新產品（參考 KOL 和消費者的意見），以及 KOL 行銷引擎。讓 KOL 先行了解美妝趨勢，在業界樹立威望，並提升知名度；完美日記先幫助客戶或 KOL 成功，進而讓自己更成功。

其次，一邊對飛輪施力，一邊消除摩擦力，讓速度和動能無限制增加。例如，摩擦力有很多種，可能是內部流程不佳，對消費者的洞察或對銷售的理解不夠深入，甚至是有一些痛點，可能是關於客戶來源或客戶體驗。在完美日記的案例，他們建立大型的數據科學團隊，來實現這個目標。逸仙集團隨時大約有 6 至 20％的員工從事數據科學的職務[18]，遠高於業界平均水準，旨在減少飛輪上的摩擦力。

第三，當速度加快和摩擦力減少，飛輪就可能變大。因為有了動能，系統本身就成了旋轉飛輪的力量。以逸仙集團為例，完美日記平臺就是一顆引擎，開放給集團下許多品牌使用，企業的商業潛力會巨幅成長。

## 比任何人更了解消費者

我們在中國企業身上看到一個成功關鍵：幾乎每一家公司，都比競爭對手更深入了解他們的消費者，才能夠躍升頂尖。最理想的商業模式融合，必須讓企業更深入理解消費者。

以完美日記的商業模式為例，科技／數據和美妝融合，讓企業更貼近消費者，甚至比市場領導者還要貼近。完美日記更清楚消費者的需求和想望，能提出特別誘人的價值主張，甚至進一步，在社群媒體與消費者密切互動，還能夠持續創新，不斷為消費者帶來驚喜和喜悅。這通常會提高消費者的留存率和回購率，正如完美日記的案例，回購率達到前所未見的 40％。此外，當你比任何人更了解消費者，消費者會主動成為企業和品牌的倡導者，就成為一個零成本的口碑轉化銷售管道。

了解消費者，也可以打進其他產業（可能是相關的行業，服務同一批消費者）。例如，逸仙集團從彩妝開始，後來擴展到護膚領域，利用完美日記的成長飛輪和電商技術堆疊，把迷戀美妝的消費者導入新品牌和新產品。既然這些女性目標受眾年紀輕，注重風格打扮，也許下一步就是賣香水、配飾、鞋子或時裝。

# 注釋

1. Sophie Yu and Scott Murdoch, "'All girls, buy it!' In China, Perfect Diary gives cosmetics world a makeover with live streams, low prices", Reuters, August 26, 202. https://www.reuters.com/article/us-china-cosmetics-perfectdiary/all-girls-buy-it-in-china-perfect-diary-gives-cosmetics-world-a-makeover-with-live-streams-low-prices-idUSKBN25M0BP

2. Shunyang Zhang and Sunil Gupta, "Perfect Diary" Case Study, Harvard Business School, August 20, 2021.

3. Daxue Consulting, "Perfect Diary Case Study: How this Chinese Makeup Brand Got to the Top", Daxue Consulting, March 7, 2021. https://daxueconsulting.com/perfect-diary-case-study-how-this-chinese-makeup-brand-got-to-the-top

4. Lawrence Nga, "Hillhouse backed Yatsen is Now Public. Here's What Investors Should Know", The Motley Fool, December 2, 2020. https://www.fool.com/investing/2020/12/02/hillhouse-backed-cosmetics-company-yatsen-ipo/

5. Zhang and Gupta, "Perfect Diary" Case Study.

6. Zhang and Gupta, "Perfect Diary" Case Study.

7. Zhang and Gupta, "Perfect Diary" Case Study.

8. Zhang and Gupta, "Perfect Diary" Case Study.

9. Daxue Consulting, "Perfect Diary Case Study".

10. Zhang and Gupta, "Perfect Diary" Case Study.

11. Zhang and Gupta, "Perfect Diary" Case Study.

12. Lou Qiqin, "Obsessed by Products: A Look Inside Huang Jinfeng's Perfect Diary", Interview with Jinfeng Huang, Jiemian Global, November 30, 2021. https://en.jiemian.com/article/6862046.html

13. Tech Buzz China by Pandaily Podcast, Episode 84, interview with Gary Liu, CEO, South China Morning Post, January 14, 2021.

14. Daxue Consulting, "Perfect Diary Case Study".

15. Nga, "Hillhouse backed Yatsen is Now Public".

16. Julienna Law, "Can Perfect Diary Take C-Beauty Global?", Jing Daily, July 20, 2021. https://jingdaily.com/perfect-diary-c-beauty-global-expansion/

17. Ching Li Tor, "Perfect Diary's Parent Company Yatsen Lists on the US Stock Market", Beauty Tech Japan, medium.com, February 2, 2021. https://medium.com/beautytech-jp/perfect-diarys-parent-company-yatsen-lists-on-the-us-stock-market-here-s-a-look-back-at-its-bc83957c35b1

18. Tech Buzz China by Pandaily Podcast, Episode 79, "Perfect Diary (Yatsen Group): Cosmetics Ecommerce Superstar and China's L'Oreal for the Digital Age", December 16, 2020.

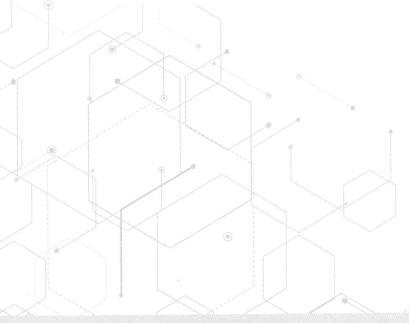

Chapter 12

# 未來展望：中國成長和中國式創新的未來

創新是關鍵，可以解鎖社會和經濟成長繁榮、進化和進步的潛力，邁向一個更有希望的未來。一個社會走在創新前沿，將成為全球的思想領袖和超級大國。如果對中國的創新事蹟缺乏了解，便難以理解中國成為超級強權的潛力，當然也就想不透，為什麼西方的創新實力和經濟主導地位，不再像過去那樣理所當然。不可否認的是，中國在全球經濟世界中，確實是一股重要的驅動力。

　　所幸，成功會留下線索。非凡的企業，正在做一些與眾不同的事情。中國企業在本土和全球表現卓越，絕非偶然。這通常是因為採行不同方法、模式、決策或行動，所以有不同的結果。而這些「線索」，就是我們可以向中國學習的催化因子。

　　然而，如果要擁抱這些催化因子，我們必須先克服西方對中國和創新的偏見。諷刺的是，雖然中國在西方的曝光度增加，西方人也期待到中國做生意，反而卻讓西方更加堅信自己才是霸主，低估中國的成長，將其貶為「山寨」經濟。這就是我們犯的錯誤：忽視一個貨真價實的創新故事。我們太過於短視，只聚焦在跟中國的差異，包含社會、意識形態和政治層面。全球政治和媒體又推波助瀾，進一步強化這些觀點，突顯聳人聽聞的負面故事，報導中國政府罔顧人權和迫害少數民族，以及嚴厲的清零政策，於是這些故事在網絡瘋傳，蔓延到所有媒體。如此負面的描述，把中國說成「邪惡勢力」，早已深植人心，以致世界其他國家的普羅大眾，看不見中國巨大的影響力，正在全球經濟、商業和創新全面發酵。

唯有掌握兩個真相，才能夠有全面的視野，在全球商業和創新保持競爭力。首先，中國的意識形態可能與西方的信仰不同，有時甚至相互對立；其次，中國人的創新表現，可能超越世界其他國家，顛覆全球競爭力的含義。向中國學習，就要盡量排除政府和政治的影響，從中國個別的企業身上，看見一些獨特的創新原則。

中國懂得加速創新，並擴大創新的規模，所以經濟成長驚人，打造了新的商業模式，以及創新的數位生態系統，同時創造價值，這種經濟持續成長的態勢，在歷史上絕無僅有。相形之下，歐洲停止成長，美國面臨經濟、社會和政治問題，跟中國形成鮮明對比。中國可能不出幾年就超越西方了，根本不用再等幾十年。隨著中國對全球經濟的影響力增強，西方不僅有被顛覆的危險，說不定還有可能遙遙落後。

由於疫情的緣故，中國封鎖邊境，其他國家只好從更遠的距離，堅決站在外部觀察中國——看不到個別的成功案例和故事。此外，許多中國企業純粹在國內營運，或者雖然是全球的獨角獸企業，但西方商業領袖對那些產業不熟悉（如電動車、社群商務、青少年快時尚），因此中國在全球創造經濟價值，有許多令人驚訝的商業事蹟，在我們的視野中無法鮮明呈現。但是，到目前為止，中國式創新毫無疑問地印證它正在擴大規模，且不容忽視。

我們向中國學習的催化因子，都是源自真實企業顛覆商業界的事蹟，對於西方精明的商業領袖來說，全是值得運用和模仿的經驗和故事。每個催化因子都是獨立的學習和洞察，但如果因應當前的商業挑戰，以模組化的方式堆疊並整合，說不定可以解鎖指數增長。如果西方個別的企業有心效法，我特別推薦這種做法——企業從催化因子中，尋找一些關聯和靈感，然後審慎執行有系統的實驗，探索催化因子如何刺激業務的槓桿，以快速擴大規模，並加速成長。

其中一些創新案例和例證，恐怕有社會效應、道德和倫理問題。例如，當我們試圖減少浪費，以解決氣候變遷這個迫切問題，消費者或世界是否真的需要更多快時尚，如 SHEIN？我們該怎麼看抖音／TikTok 的技術堆疊，以及把社群媒體與電子商務結合？現在注重個人隱私，對年輕人行銷的產品和服務，應該要負責任，而抖音／TikTok 的做法有什麼影響呢？我們真的希望電動車是承載先進技術的外殼，當技術日新月異，這些車可能變成用完即丟的產品？雖然本書介紹的一些企業，有可能製造社會和道德的難題，但他們所發現的催化因子，確實有超越產業的力量和價值。在此提醒大家，追求創新和成長，別忘了期許自己，創新不僅要有商業價值，而且至少不要危害社會，最理想的情況是對社會有貢獻。

中國的這些創新事蹟，有許多案例可以提供啟示。例如，拼多多成功串聯消費者和農民，省略中間的經銷商，一來為農民提高利潤，二來為消費者降低成本，讓交易雙方都成為贏家。小米的逆向創新，讓世界上一些經濟弱勢人口也能夠擁有智慧型手機，並使用網路，改變了這些人的生活。

因此，我們努力創新的同時，務必小心謹慎，創造對世界有附加價值的產品和服務，而非只想到企業的利潤。創新這件事，必須一邊履行標準和責任，一邊創造新的可能性——創新可以，也應該改善民眾的生活，以及我們周圍的世界。當創業家和遠見者注重這些目標，並進行創新，向中國學習的催化因子，將會加速正向創新的普及。

## 中國瞄準全球創新的領導地位

本書深入探討多年來，中國商業創新的成果，卻沒有深究中國政府長期主導的科學、技術和發明進展。因此，為了認清中國在創新方面的未來走向，我們勢必要跨出商業領域，觀察新興的科學和技術領域。如此一來，會更了解中國的發展方向、最終目標，以及他們希望稱霸的產業和領域。雖然長期投資科學和技術，並不保證會成功，但我們確實看到了，這些在未來有很大的機率可以開拓新的商業領域，因為科學的發明和創新通常會影響商業應用，一步步滲透到商業領域。

現在來回顧中國對國際科學的貢獻。二十一世紀初，最常被引用的科學出版物的前 10％，很少看到中國的研究，中國與世界其他地區差距很大，遠低於世界的平均水準。如今，中國專心發展化學、電腦科學、工程、材料科學、數學和物理學，已經超過歐盟，並接近美國的年度科研出版量。到了 2021 年，中國的國內研發總投資大幅提升，達到 5,148 億美元，超過歐盟的 3,905 億美元，快要追上美國的 6,127 億美元。[1]全球科學界的觀察家發現，中國頂尖大學在全球的排名不斷上升，其教育體系每年培養出比美國更多的 STEM 博士畢業生，中國的投資規模將繼續成長。除了中國政府加碼投資教育及研發，民間也向國家自然科學基金會投入更多資金，該基金會猶如西方類似的機構，通過嚴格的全球同行評審標準，資助研究項目。由於全力衝刺，近年來中國的科學技術研究人員，已經飆升到 200 萬人左右。[2]

中國的發明也是突飛猛進。2021 年哈佛大學貝爾弗中心報告指出，「中國成為二十一世紀基礎技術的主要競爭者。」[3]2015 年中國所申請的專利數超越了美國，並持續擴大領先優勢。2021 年中國向世界智慧財產權組織（WIPO）提交 68,720 項專利申請，而美國只提交 59,230 項，WIPO 是一套國際體制，讓世界各國可以互相認可專利。[4]中國的增長率高達 16.1％，相形之下，美國只有

3％，華為更是連續四年，榮登申請數最多的公司。[5]

專利並不保證一項發明會被有效運用，或者擴大商業影響力，但專利有沒有申請成功，卻是預測商業影響力的可靠指標，因為申請的數量，一向與經濟發展的總體速度有關。雖然在發明之後，恐怕要過一段時間，才能發揮商業影響力，但研究證實每隔十年，這種時間差距正在縮短。從發明到商業成功那一年，在二戰前需要三十年以上[6]，現在通常在十年以下，端視不同的行業而定。

中國的科學、技術和發明是從十五年前開始加速，當時中國政府頒布首個中長期科學和技術發展計畫（2006-2020 年）。該計畫啟動了「自主創新」策略，並設定多重目標，例如，從國外輸入的創新不得超過 30％，以便把中國變成創新導向的國家，並期許到了 2050 年，要成為科學技術世界的領袖。

在外界看來，這是宏大的實驗，成功的機會值得商榷。但只要觀察中國的科學出版、政府和民間的投資、STEM 博士畢業生人數、研究人員和專利增加的幅度，可以看出，到目前為止，這是非常成功的計畫。這就是為什麼認識中國，並與中國合作，攸關全球創新的未來。如果通過協作管理，可以齊力面對一些棘手的全球問題，例如氣候變遷和汙染，以及疫情和健康壽命等醫療挑戰，並在科學、社會、經濟等許多層面，使全世界受益。

## 在中國，改變是唯一的不變

自從 1978 年以來，中國對外開放和改革，經歷快速的變遷。我們也必須承認，中國正在經歷另一輪巨變——事實上，變化是中國唯一的不變。這四十年來持續全球化，廣泛接觸西方教育和商業的知識與資訊，中國確實獲益良多，但中國領導人正懷疑全球化及對世界經濟開放的程度，究竟對中國的國家、文化和人民有多大的好處。

全球化把西方的意識形態帶給中國的青年，改變其社會規範。這對於中國領導人是莫大的干擾，因此中國學校禁止西方思想，並重新審視課程，增加中國價值和信仰的教育，例如高中生必修《習近平思想》。雖然中國沒有明文禁止同性戀，卻禁止娘娘腔的男性出現在流行媒體和電視上，聲稱要堅守「革命文化」和「官方道德」。[7]

中國最近的政策，例如習近平提出「雙循環戰略」，降低中國經濟對出口的依賴，把重心放在服務本土市場。

2021 年 10 月第五次黨代表大會，習近平發表談話，他希望中國的糧食可以完全自給自足，因為這攸關國家安全。他也同場宣示，要繼續改革「不守規矩的行業」，例如房地產、科技和課後補教。由此可見，中國從商業到教育，都希望提升競爭力，並導向自主的民族主義立場。

中國一直在填補法律漏洞，以免中國企業繼續透過外國 IPO 走向海外資本市場。就連在國內證券交易所，未獲政府明確批准，貿然公開上市的話，也會遭受政府加強封鎖和懲罰。2020 年阿里巴巴旗下的金融貸款部門螞蟻集團，未獲得中國政府監管機構的支持，被擋下了規模達到 340 億美元[8]，計畫在香港和上海股市雙重上市，預期會成為史上最大規模的 IPO。如果那次 IPO 成功，螞蟻集團的估值將達到 3,100 億美元，足以媲美摩根大通等全球銀行。[9]IPO 取消的確切原因，至今仍不清楚，但中國監管機構表示，這項申請案不符合規定，已經與創辦人馬雲在內的公司高層當面會談，螞蟻集團默默撤回上市申請，為自己造成的各種不便，向監管機構道歉。

滴滴出行，有中國的 Uber 之稱，掛牌上市也面臨挑戰。滴滴在紐約證券交易所只上市幾天，中國政府就以保護數據為由，對這款叫車 App 啟動網絡安全調查。滴滴出行從應用程式商店下架，而且在調查期間，不得受理新用戶，結果導致 IPO 每股 14 美元的股價，直接損失 85％的價值。[10]自此之後，滴滴宣布從紐約證券交易所下市，計畫在國內香港交易所上市。

除了這些挑戰，中國企業還要應付美國監管機構的質疑。有五家中國國有企業在美國公開上市，美國紐約證券交易所卻啟動調查，要求提供文件證明公司合規。而中國出於國安考量，拒絕提供訊資訊，以致這幾家公司下市。

看在專家和分析師眼裡，中國會限制企業掛牌上市，其實是有更大的野心，想成為世界科技超級大國。但中國政府背後的動機，分析師看法不一，有人認為，這是為公開上市的公司，奠定穩固的監管基礎，另外有些人認為，這是肥水不落外人田，不讓國內企業落入外國的投資人手中。無論如何，結果都是一樣的，中國科技巨頭受到愈來愈嚴密的保護，並持續向中國政府靠攏，以支持北京的成長和發展戰略。中國政府甚至開始取得「金股」，以直接監督控制涉及國家利益的公司，掌握所有權股份，涵蓋技術、網路和電信等領域。當中國政府擁有金股，就是在公司內部掌握投票權，甚至否決權，有權力引導和推動民間公司的戰略和發展。

西方世界也在考慮同樣的問題——如果與中國保持深度聯繫，是不是明智的選擇呢？西方政府特別擔心一些敏感的產業，例如電信和網路，如果繼續使用中國的技術，恐怕會有危險。西方擔心太依賴中國製造和生產，甚至開始懷疑那些在海外生活、學習或工作的中國公民，背後到底有什麼動機，難道是為了收集情報嗎？西方會這樣想，其實滿合理的，因為在中國政府眼裡，並不認為「失去」這些公民，而是「分散的資源」。[11]

西方不信任中國，刻意疏遠中國，最明顯的例子是2018那年，美國川普總統跟中國展開貿易戰，旨在平衡兩國之間的貿易。然而，到目前為止，美國人普遍認為，這項努力是失敗的。更近期的是2022年10月，拜登政府加強推動這項政策，禁止向中國出售晶片製造設備和半導體。其實早在2022年7月，中國就推出一款半導體，電路比人類頭髮細一萬倍[12]，令美國措手不及，因為晶片製造是國家實力的一環，美國備感憂心。目前仍不確定中國能否善用晶片技術，實現大規模製造，至少美國政府已經切斷半導體供應，以免中國提升超級電腦和人工智慧的能力，藉此限制中國的力量。

中國和世界其他地區的動向，都導致中國和世界彼此脫鉤。儘管中美關係最常登上全球新聞，但中國與英國、歐盟和澳洲的關係，也是史上最薄弱的時刻。這一切都因為許多國家日益傾向民族主義，對全球化充滿不信任。

## 為什麼我們要觀察並學習中國？

中國的社會和文化向內聚焦，但在全球舞臺上，卻積極拓展經濟和政治影響力與主導地位，所以外向的驅動力仍非常強烈。中國正在通過創新和科技培養實力，提升全球影響力。事實上，有許多人觀察到如今世界依賴中國，但中國對世界的依賴程度並沒有那麼大，一旦中國退出全球經濟，損失最大的是全世界。

為了避免對世界的依賴，中國制定一系列政策，無論在經濟、金融或技術等層面，對其他國家的依賴正在下降，而且是驟降。此外，近年由於疫情封閉邊境和限制旅行，中國愈來愈不透明了。由於疫情限制，商務旅行者及外國工作者難以取得中國入境許可，而大多數中國公民也無法更新護照或申請出境的旅行簽證。就連在中國採訪的外國新聞媒體也正在減少。一些主要國家，例如澳洲，由於中澳關係趨於緊張，澳洲的記者並沒有派駐中國。2022年 1 月駐中外國記者協會發布年度報告，「譴責中國政權發放記者的簽證時，愈來愈有系統地增加限制，根本把簽證當成一種武器」。由此可見，中國把這種體制當成外交政策工具。[13]

由於看不見中國的情況，加上中國國內的審查制度猖獗，大家愈來愈不明白中國的商業、經濟和社會到底怎麼了。世界只好仰賴北京選擇性發布的資訊，有些人懷疑官方消息可能過度樂觀，這還是資訊流通的情況。2022 年10 月，北京拒絕發布眾所期待的經濟數據，也不多做解釋，要是有公布這些數據，大家可以得知中國採行清零政策後，進行大規模滾動式封城的影響[14]——現在要擔心的，不只是數據本身的品質，還有未來恐怕不易取得數據。但是，就連中國政府選擇性發布的數據，也看得出中國的經濟成長不樂觀。

三十年來，中國的 GDP 首度敗給整個亞太地區。[15]截至 2022 年第四季我撰寫本文時，中國 2022 年 GDP 估計成長 3.2%，其中 3%是檢疫用品所貢獻。[16]中國年輕人的失業率（30 歲以下）達到驚人的 20%[17]，創下該國的歷史新高。2022 年 10 月舉辦第二十屆全國代表大會上，習近平在演講中明確表示，願意為了戰勝疫情，犧牲中短期的經濟成長，世界不禁懷疑中國對成長的渴望，以及其對世界經濟的貢獻，是否可能恢復往日榮光。

雖然有些人懷疑中國已經過了輝煌時期，但我們知道中國在需要時，就能夠迅速動員和行動。因此，雖然那個曾經爆炸性成長，看似有無限成長潛力的經濟體可能正在減弱，但只有時間能告訴我們真相。這時反而更該思考，隨著中國市場成長放緩，以及政府對企業加強管控，可能會促使中國品牌去海外爭取成長機會，中國創業家甚至創立 SHEIN 這樣的企業（參見第九章），不在國內市場競爭，而是放眼全球。

中國的創業精神，其實是中國文化的一部分，因此中國的創業精神和種子不太可能減少。中國企業已經將這些突破性的商業模式帶到海外，中文稱做「出海」。按照字面上的意思，「出海」是走向海外，尋求成長的機會。在某些市場，中國創業家善用行動網路，在國際市場推廣其商業模式。印度的行動網路還在萌芽階段，但成長快速，在應用程式的世界中，一切都很方便安裝，這可是莫大的機會。事實上，今天在印度，高達 44 個頂尖應用程序（Google Play）都是出自中國公司。[18]

隨著中國企業和品牌積極拓展全球市場，西方品牌也將在本土市場上，與中國對手正面交鋒。當在產業戰場上對抗中國企業時，勢必會看到中國企業運用這些催化因子來顛覆競爭情勢，提升競爭力。因此，向中國學習催化因子，出奇制勝，不僅攸關在全球的商業地位，也可以幫助那些首度面對中國對手的本地企業。

中國在科學和技術的實力增加，長期的發展前景不太可能有危險。或許有人會質疑，在經濟困境尋求商機真的有用嗎？更何況，當前中國的經濟趨緩，「中國催化因子」仍有學習的價值嗎？最近中國嚴格的清零政策，以及中國與美國的貿易戰，還有中國跟亞洲鄰國日益加劇的緊張局勢，大家對中國的疑心更大了。同樣令人擔心的是，歐盟和美國正面臨經濟衰退和通貨膨脹。我們仍然會從這些市場中，搜尋持續創新的優秀企業，從中尋求靈感。雖然中國正面臨挑戰，經濟正在放緩，但它過去二十年的經驗仍值得學習，畢竟那是中國發展的關鍵期。這就是為什麼要研究中國成長背後的「中國式催化因子」，創造現代最重要的創新復興時期。

羅馬帝國已是沒落的帝國，為何我們仍要研究古羅馬？古羅馬蘊藏著無數的理念和概念，至今仍在現代世界廣泛運用，例如，羅馬的法律和政府體系、哲學、建築、語言和文學，依舊啟發人心。羅馬人之所以與眾不同，是因為有能力接受某些事物，不斷精益求精，換句話說，他們不斷創新。

總之，中國的進步和野心是對西方的大膽邀請，讓西方睜開眼睛，重拾創新根源。隨著中國做好萬全準備，打算成為主宰二十一世紀發展的超級技術大國，我們可以預期，中國將成為第四次工業革命的領導力量。鑑於當前進展，中國很可能會推動未來的機器人技術、物聯網、虛擬實境和人工智慧的發展。加上中國目前占全球經濟的三分之一，如果世界其他國家跟中國斷絕關係和脫鉤，跨國公司反而會落後中國企業。為了保持競爭力，企業需要做研究，最好就是去創新誕生之地。如果中國正在推動技術革命，那麼，在中國設有分公司的跨國企業將能躬逢其盛，並且將這些從中國獲得的經驗輸出到其總部。換句話說，也許我們是時候開始仿效中國了。

# 注釋

1. Carolina Wagner, et al., "What do China's Scientific Ambitions Mean for Science – and the World?" Issues.org, April 5, 2021. https://issues.org/what-do-chinas-scientific-ambitions-mean-for-science-and-the-world/

2. Wagner, et al., "What do China's Scientific Ambitions Mean".

3. Economist Briefing, "China and the West are in a Race to Foster Innovation", *The Economist*, October 12, 2022. https://www.economist.com/ briefing/2022/10/13/china-and-the-west-are-in-a-race-to-foster-innovation

4. Emma Farge, "China Extends Lead Over US in Global Patents, UN says", Reuters, March 2, 2021. https://www.reuters.com/article/us-un-patents/china-extends-lead-over-u-s-in-global-patents-filings-u-n-says-idUSKCN2AU0TM

5. Farge, "China Extends Lead Over US in Global Patents, UN says".

6. Rajshree Agarwal and Barry L. Bayus, "The Market Evolution and Sales Take-off of Product Innovations", *Management Science*, vol. 48, issue 8, 1024-1041, 2002.

7. The Associated Press, "China Bans Effeminate Men from TV", npr. org, September 2, 2021. https://www.npr.org/2021/09/02/1033687586/china-ban-effeminate-men-tv-official-morality.

8. Raymond Zhong, "In Halting Ant's I.P.O., China Sends a Warning to Business", *New York Times*, December 24, 2020. https://www.nytimes.com/2020/11/06/technology/china-ant-group-ipo.html

9. Raymond Zhong, "Ant Group Set to Raise $34B in World's Biggest I.P.O.", *New York Times*, November 6, 2020. https://www.nytimes.com/2020/10/26/technology/ant-group-ipo-valuation.html

10. Arjun Kharpal, "DiDi Shares Surge After Report that Regulators are Ending Probe", CNBC, June 22, 2022. https://www.cnbc.com/2022/06/06/didi-shares-surge-after-report-that-regulators-are-ending-probes.html

11. Wagner, et al., "What do China's Scientific Ambitions Mean".

12. Ana Swanson and Edward Wong, "With new Crackdown Biden Wages Global Campaign on Chinese Technology", *New York Times*, July 22, 2022. https://www.nytimes.com/2022/10/13/us/politics/biden-china-technology-semiconductors.html

13. Reporters Without Borders, "Foreign Correspondents' Presence in China Threatened by Visa Weaponization", January 22, 2022. https://rsf.org/en/foreign-correspondents-presence-china-threatened-visa-weaponisation

14. Thomas Hale, Hayden Lockett, et al. "China Delays GDO Data Release in the Middle of Communist Party Congress", *Financial Times*, October 17, 2022. https://www.ft.com/content/7fde9d30-0754-48cd-8502-658c175cd99b

15. Helen Davidson, "China Growth Lags Asia Pacific for the First Time in Decades as World Bank Cuts Outlook", *Guardian*, September 27, 2022. https://www.theguardian.com/business/2022/sep/27/china-growth-lags-asia-pacific-for-first-time-in-decades-as-world-bank-cuts-outlook

16. Kevin Yao, "China's Q3 Growth Seen Bouncing 3.4% but 2022 Set for Worst Performance in Decades", Reuters, October 14, 2022. https://www.reuters.com/markets/asia/china-q3-growth-seen-bouncing-34-2022-set-worst-performance-decades-2022-10-14/

17. Bloomberg News Desk, "China's Youth Jobless Rate Hits Record 20% in July on COVID Woes", Bloomberg, August 15, 2022. https://www.bloomberg.com/news/articles/2022-08-15/china-youth-jobless-rate-hits-record-20-in-july-on-covid-woes#xj4y7vzkg

18. The Next Billion podcast, "Chu Hai: Why Chinese Entrepreneurs are Targeting Emerging Markets Across the World", GGV Capital, Season 1, Episode 28, 14 April, 2020. https://nextbn.ggvc.com/podcast/s1-ep-28-chuhai-why-chinese-entrepreneurs-are-targeting-emerging-markets-across-the-world/

# 中國為何創新崛起？

## 九大催化因子改寫全球競爭力，其他國家如何趕上？

Chinafy: Why China is leading the West in innovation and how the rest of the world can catch up

| | |
|---|---|
| 作　　　者 | 喬安娜‧哈欽斯（Joanna Hutchins） |
| 譯　　　者 | 謝明珊 |
| 封面設計 | 丸同連合 |
| 內頁排版 | 菩薩蠻事業股份有限公司 |
| 業務發行 | 王綬晨、邱紹溢、劉文雅 |
| 行銷企劃 | 黃羿潔 |
| 資深主編 | 曾曉玲 |
| 總 編 輯 | 蘇拾平 |
| 發 行 人 | 蘇拾平 |
| 出　　　版 | 啟動文化 |
| | Email：onbooks@andbooks.com.tw |
| 發　　　行 | 大雁出版基地 |
| | 新北市新店區北新路三段207-3號5樓 |
| | 電話：(02)8913-1005　傳真：(02)8913-1056 |
| | Email：andbooks@andbooks.com.tw |
| | 劃撥帳號：19983379 |
| | 戶名：大雁文化事業股份有限公司 |
| 初版一刷 | 2024年9月 |
| 定　　　價 | 480元 |
| I S B N | 978-986-493-193-4 |
| E I S B N | 978-986-493-192-7 (EPUB) |

國家圖書館出版品預行編目(CIP)資料

中國為何創新崛起?：九大催化因子改寫全球競爭力,其他國家
如何趕上?/喬安娜.哈欽斯(Joanna Hutchins)著；謝明珊譯. -- 初
版. -- 新北市：啟動文化出版：大雁出版基地發行, 2024.09
　面；　公分
譯自：Chinafy : why China is leading the West in innovation and
how the rest of the world can catch up
ISBN 978-986-493-193-4(平裝)

1.企業管理 2.企業經營 3.創意 4.中國

494.1　　　　　　　　　　　　　　　　113010503